# 远洋之鲨

## 全球海军武器精选 100

军情视点 编

化学工业出版社

·北京·

## 内容提要

本书精心选取了世界各国海军装备的100种经典武器，每种武器均以简洁精练的文字介绍了研发历史、武器构造及作战性能等方面的知识。为了增强阅读趣味性，并加深青少年读者对海军武器的认识，书中不仅配有大量清晰而美观的鉴赏图片，还增加了详细的数据表格，使读者对海军武器有更全面且细致的了解。

本书不仅是广大青少年朋友学习军事知识的不二选择，也是军事爱好者收藏的绝佳对象。

### 图书在版编目（CIP）数据

远洋之鲨：全球海军武器精选100/军情视点编. —北京：化学工业出版社，2020.8

（全球武器精选系列）

ISBN 978-7-122-37151-5

Ⅰ.①远… Ⅱ.①军… Ⅲ.①海军武器－介绍－世界 Ⅳ.①E925

中国版本图书馆CIP数据核字（2020）第094083号

责任编辑：徐　娟　　　　　　　　　　　　　版式设计：中图智业
责任校对：刘　颖　　　　　　　　　　　　　封面设计：刘丽华

出版发行：化学工业出版社（北京市东城区青年湖南街13号　邮政编码100011）
印　　装：中煤（北京）印务有限公司
710mm×1000mm　1/16　印张14　字数350千字　2020年9月北京第1版第1次印刷

购书咨询：010-64518888　　　　　　　　　　售后服务：010-64518899
网　　址：http://www.cip.com.cn
凡购买本书，如有缺损质量问题，本社销售中心负责调换。

定价：78.00元　　　　　　　　　　　　　　　　　　　　版权所有　违者必究

　　海军是人类历史上最古老的军种之一,在中国古代被称为"水师"或"水军"。无论是短兵相接的冷兵器时代,还是超视距作战时代,海军都有着不可替代的作用。和平时期,海军可作为外交的宣传工具(进行政治亲善和友好访问),威力强大的舰队也能作为谈判时的筹码;战争时期,部分国家单凭海军即可作为一支强大的震慑力量。现代海军凭借科技赋予的超长航程与导弹武器,具备近乎无限广的攻击范围。除了军事作用,许多国家的海军也执行保护领海与海上治安的任务,防止走私活动、执行海洋法规以及进行海难事故的救援等。

　　海军的作用如此巨大,所以许多国家都不遗余力地研发海军武器,以提高本国海军的作战能力。海军使用的武器主要为各式水面战斗舰艇,以及在水下航行的潜艇。操控舰艇的海军为海军舰艇兵。除了在水上及水下作战的海军舰艇兵之外,海军还衍生出同时在水上和空中战斗的海军航空兵,以及在水上与陆上战斗的海军陆战队。海军航空兵的主要武器是各类航空器,而海军陆战队则配备了两栖舰艇。

　　本书精心选取了世界各国海军装备的100种经典武器,每种武器均以简洁精练的文字介绍了研发历史、武器构造及作战性能等方面的知识。为了增强阅读趣味性,并加深读者对海军武器的认识,书中不仅配有大量清晰而美观的鉴赏图片,还增加了详细的数据表格,使读者对海军武器有更全面且细致的了解。

　　作为传播军事知识的科普读物,最重要的就是内容的准确性。本书的相关数据资料均来源于国外知名军事媒体和军工企业官方网站等权威途径,坚决杜绝抄袭拼凑和粗制滥造。在确保准确性的同时,我们还着力增加趣味性和观赏性,尽量做到将复杂的理论知识用简明的语言加以说明,并添加了大量精美的图片。因此,本书不仅是广大青少年朋友学习军事知识的不二选择,也是军事爱好者收藏的绝佳对象。

　　参加本书编写的有丁念阳、黎勇、黄成等。由于时间仓促,加之军事资料来源的局限性,书中难免存在疏漏之处,敬请广大读者批评指正。

编者<br>2020 年 5 月

# 目录

## 第1章 ● 海军概述 /001

海军的历史 .................................002
海军的武器 .................................004
世界知名舰队 .............................007

## 第2章 ● 水面战斗舰艇 /009

No.1 美国尼米兹级航空母舰..............010
No.2 美国杰拉德·R.福特级
　　　航空母舰.................................012
No.3 美国提康德罗加级巡洋舰.........014
No.4 美国阿利·伯克级驱逐舰...........016
No.5 美国朱姆沃尔特级驱逐舰.........018
No.6 美国自由级濒海战斗舰.............020
No.7 美国独立级濒海战斗舰.............022
No.8 苏联/俄罗斯"库兹涅佐夫"号
　　　航空母舰.................................024
No.9 苏联/俄罗斯基洛夫级巡洋舰..026
No.10 苏联/俄罗斯光荣级巡洋舰....028
No.11 苏联/俄罗斯无畏级驱逐舰....030
No.12 苏联/俄罗斯现代级驱逐舰....032
No.13 俄罗斯戈尔什科夫级护卫舰....034
No.14 英国伊丽莎白女王级
　　　航空母舰.................................036
No.15 英国勇敢级驱逐舰.................038
No.16 英国公爵级护卫舰.................040
No.17 法国"夏尔·戴高乐"号
　　　航空母舰.................................042

No.18 意大利"加富尔"号航空母舰...044
No.19 法国/意大利地平线级
　　　驱逐舰.....................................046
No.20 法国/意大利欧洲多用途
　　　护卫舰.....................................048
No.21 德国萨克森级护卫舰.............050
No.22 日本爱宕级驱逐舰.................052
No.23 日本秋月级驱逐舰.................054
No.24 韩国世宗大王级驱逐舰.........056
No.25 印度加尔各答级驱逐舰.........058
No.26 印度什瓦里克级护卫舰.........060
No.27 西班牙阿尔瓦罗·巴赞级
　　　护卫舰.....................................062
No.28 澳大利亚霍巴特级驱逐舰........064

## 第 3 章 · 潜艇 /065

No.29 美国洛杉矶级攻击型核潜艇.....066
No.30 美国海狼级攻击型核潜艇........068
No.31 美国弗吉尼亚级攻击型核潜艇....070
No.32 美国俄亥俄级弹道导弹核潜艇....072
No.33 美国哥伦比亚级弹道导弹
　　　核潜艇..................................074
No.34 俄罗斯亚森级攻击型核潜艇......076
No.35 苏联 / 俄罗斯德尔塔级
　　　弹道导弹核潜艇......................078
No.36 苏联 / 俄罗斯台风级
　　　弹道导弹核潜艇......................080
No.37 俄罗斯北风之神级
　　　弹道导弹核潜艇......................082
No.38 英国机敏级攻击型核潜艇........084
No.39 英国前卫级弹道导弹核潜艇....086
No.40 法国凯旋级弹道导弹核潜艇....088

## 第 4 章 · 两栖舰艇 /091

No.41 美国黄蜂级两栖攻击舰............092
No.42 美国美利坚级两栖攻击舰........094
No.43 美国圣安东尼奥级
　　　船坞登陆舰............................096
No.44 俄罗斯伊万·格林级登陆舰....098
No.45 英国"海洋"号两栖攻击舰.....100
No.46 英国海神之子级船坞登陆舰....102
No.47 法国西北风级两栖攻击舰........104
No.48 法国闪电级船坞登陆舰............106
No.49 西班牙"胡安·卡洛斯
　　　一世"号战略投送舰................108
No.50 日本大隅级坦克登陆舰............110
No.51 韩国独岛级两栖攻击舰............112
No.52 韩国天王峰级坦克登陆舰........114

## 第 5 章 · 勤务舰艇 /117

No.53 美国萨克拉门托级
　　　快速战斗支援舰......................118
No.54 美国供应级快速战斗支援舰....120
No.55 美国威奇塔级综合补给舰........122
No.56 美国亨利·J. 凯撒级补给油船..124
No.57 美国沃森级车辆运输舰............126
No.58 美国先锋级远征快速运输舰....128
No.59 美国仁慈级医院船....................130
No.60 苏联 / 俄罗斯
　　　鲍里斯·奇利金级补给油船....132
No.61 英国维多利亚堡级
　　　综合补给舰............................134
No.62 法国迪朗斯级综合补给舰........136
No.63 德国柏林级综合补给舰............138
No.64 意大利斯特隆博利级
　　　综合补给舰............................140
No.65 日本十和田级快速战斗支援舰..142
No.66 日本摩周级快速战斗支援舰....144

## 第 6 章 • 舰载、反潜航空器 /147

- No.67 美国 F/A-18 "大黄蜂" 战斗/攻击机.................. 148
- No.68 美国 F-35 "闪电" II 战斗机.... 150
- No.69 美国 AV-8B "海鹞" II 攻击机........................... 152
- No.70 美国 S-3 "维京" 反潜机......... 154
- No.71 美国 E-2 "鹰眼" 预警机......... 156
- No.72 美国 EA-18G "咆哮者" 电子战飞机........................ 158
- No.73 美国 P-8 "波塞冬" 反潜巡逻机........................ 160
- No.74 美国 C-2 "灰狗" 运输机........ 162
- No.75 美国 V-22 "鱼鹰" 倾转旋翼机........................ 164
- No.76 美国 SH-3 "海王" 直升机....... 166
- No.77 美国 SH-60 "海鹰" 直升机..... 168
- No.78 苏联/俄罗斯苏-33 战斗机..... 170
- No.79 俄罗斯米格-29K 战斗机........ 172
- No.80 苏联/俄罗斯卡-27 直升机..... 174
- No.81 法国 "阵风" M 战斗机......... 176
- No.82 法国 "超军旗" 攻击机......... 178

## 第 7 章 • 舰载武器 /181

- No.83 美国 RUR-5 "阿斯洛克" 反潜导弹........................ 182
- No.84 美国 RIM-7 "海麻雀" 导弹... 184
- No.85 美国 AGM-84 "鱼叉" 导弹..... 186
- No.86 美国 BGM-109 "战斧" 导弹... 188
- No.87 美国 RIM-116 "拉姆" 导弹... 190
- No.88 美国 UGM-133 "三叉戟" II 型导弹........................ 192
- No.89 美国 RIM-161 "标准" III 型导弹............................ 194
- No.90 美国 RIM-162 改进型 "海麻雀" 导弹.................... 196
- No.91 美国 RIM-174 "标准" VI 型导弹............................ 198
- No.92 美国 "密集阵" 近程防御武器系统.................... 200
- No.93 美国 Mk 46 鱼雷................ 202
- No.94 美国 Mk 48 鱼雷................ 204
- No.95 俄罗斯 "卡什坦" 近程防御武器系统.................... 206
- No.96 英国 "海狼" 导弹.............. 208
- No.97 法国 "阿斯特" 导弹............ 210
- No.98 法国 "飞鱼" 导弹.............. 212
- No.99 意大利奥托·梅莱拉 127 毫米舰炮........................ 214
- No.100 荷兰 "守门员" 近程防御武器系统.................... 216

## 参考文献 /218

# 第 1 章
# 海军概述

海军的产生和发展源远流长。它以军用舰艇为主线,从原始简单的古代战船,发展到多系统的现代舰艇,从个别分散的技术推演出密集综合的技术,经历了数千年的漫长过程。

## • 海军的历史

海军的产生和发展与军用舰艇的演变过程密不可分。早在公元前 1200 年左右，埃及、腓尼基和希腊等地就已经出现了战船，主要用桨划行，有时辅以风帆。中国的造船技术在历史上一度处于领先地位，在新石器时代已能制造独木舟和船桨，春秋战国时期已建造用于水战的大型战船。公元前 5 世纪，地中海国家已建立海上舰队，有双层和三层桨战船，艏柱下端有船艏冲角。古代史上著名的布匿战争中，罗马舰队用这种战船击溃海上强国迦太基，建立了在地中海的海上霸权。到了 15～16 世纪，西方帆船舰队的发展，帆装和驶帆等技术的日趋完善，对新航路的开辟及殖民地的掠夺和开发起到了推动作用。

总的来说，古代生产力低下，科学技术不发达，海军技术发展缓慢，木质桨帆战船一直延续使用几千年。船上战斗人员主要使用刀、矛、箭、戟、弩、炮、投掷器和早期的火器等进行交战。直到 18 世纪，蒸汽机的发明，冶金、机械和燃料工业的发展，使得造船的材料、动力装置、武器装备和建造工艺发生了根本变革，为近代海军技术奠定了物质基础。军舰开始采用蒸汽机主动力装置。初期的蒸汽舰，以明轮推进，同时甲板上设置有可旋转的平台和滑轨，使舰炮可以转动和移动。与同级的风帆战舰相比，其机动性能和舰炮威力都大为提高。

19 世纪 30 年代，英国工程师弗兰西斯·佩蒂特·史密斯建造了世界上第一艘真正意义上的使用螺旋桨推进的船。1849 年，法国建成第一艘螺旋桨推进的蒸汽战列舰"拿破仑"号。此后，法、英、俄等国的海军都装备蒸汽舰。19 世纪 60 年代出现鱼雷后，随即出现装备鱼雷的小型舰艇。19 世纪 70 年代，许多国家的海军从帆船舰队向蒸汽舰队的过渡已基本完成，海军的组织体制、指挥体制进一步完善，军舰日益向增大排水量、提高机动性能、增强舰炮攻击力和加强装甲防护的方向发展，装甲舰尤其是由战列舰和战列巡洋舰组成的主力舰，成为舰队的骨干力量。

20 世纪初，柴油机-电动机双推进系统潜艇研制成功，使潜艇具备一定的实战能力，海军又增加了一个新的兵种——潜艇部队。英国海军装备无畏级战列舰和战列巡洋舰以后，海军发展进入"巨舰大炮主义"时代。英、美、法、日、意、德等海军强国之间，展开以发展主力舰为中心的海军军备竞赛。

1914 年第一次世界大战（以下简称一战）爆发时，各主要参战国海军共拥有主力舰 150 余艘，装备鱼雷的小型舰艇成为具有可以击毁大型战舰的轻型海军兵力。20 世纪 20～30 年

1801年哥本哈根海战

代，海军有了第一批航空母舰和舰载航空兵，岸基航空兵也得到发展，海军航空兵成为争夺海洋制空权的主要兵种。至此，海军已发展成为由多兵种组成的，能在广阔海洋战场上进行立体作战和合同作战的军种。

第二次世界大战（以下简称二战）时期，由于造船焊接工艺的广泛应用，分段建造技术，以及机械、设备的标准化，保证了战时能快速、批量地建造舰艇。在战争中，战列舰和战列巡洋舰逐渐失去主力舰的地位，而航空母舰和潜艇发展迅速。航空母舰编队或航空母舰编队群的机动作战、潜艇战和反潜艇战成为海战的重要形式，

二战美国"游骑兵"号航空母舰

改变了传统的海战方式。与此同时，磁控管等电子元器件、微波技术、模拟计算机等关键技术的突破，出现了舰艇雷达、机电式指挥仪等新装备，形成舰炮系统，使水面舰艇攻防能力大为提高。

二战后，人类进入了核时代，核导弹、核鱼雷、核水雷、核深水炸弹相继出现，潜艇、航空母舰向核动力化发展。20 世纪 50～60 年代，喷气式超音速海军飞机搭载航空母舰之后，垂直/短距起落飞机、直升机等又相继装舰，使大、中型舰艇普遍具有海空立体作战能力。潜射弹道导弹、中远程巡航导弹、反舰导弹、反潜导弹、舰空导弹、自导鱼雷、制导炮弹等一系列精确制导武器装备海军，进一步增强了现代海军的攻防作战、有限威慑和反威慑的能力。70 年代以后，军用卫星、数据链通信、相控阵雷达、水声监视系统、电子信息技术和电子计算机的广泛应用，使现代海军武器逐步实现自动化、系统化，并向智能化方向发展，使海军技术发展成为高度综合的技术体系。

20 世纪 90 年代，世界上拥有海军的国家和地区已达 100 多个，组织编制各不相同。此后，随着国际贸易和航运的日益扩大，海洋开发的扩展，国际海洋斗争日趋激烈。濒海国家都非常重视海军的建设和发展，不断运用科学技术的新成果，发展海军的新武器，提高统一指挥水平和快速反应、超视距作战能力。

美国自由级濒海战斗舰

## ● 海军的武器

海军武器是海军诸兵种执行作战、训练任务和实施勤务保障的各种战斗装备的总称,包括水面战斗舰艇、潜艇、两栖舰艇、勤务舰艇、航空器等。

### 水面战斗舰艇

水面战斗舰艇是执行水面战斗任务的海军舰艇,是现代海军的主要装备。按排水量大小,水面战斗舰艇分为大、中、小型:大型水面战斗舰有航空母舰、战列舰、巡洋舰;中型水面战斗舰艇有驱逐舰、护卫舰、濒海战斗舰等;小型水面战斗舰艇有护卫艇、鱼雷艇、导弹艇、猎潜艇等。在水面战斗舰艇中,标准排水量在500吨以上的,通常称为舰;500吨以下的,通常称为艇。

航空母舰(aircraft carrier)是以舰载机为主要武器并作为其海上活动基地的大型水面战斗舰艇,其舰体通常拥有巨大的甲板和坐落于左右其中一侧的舰岛。航空母舰是航空母舰战斗群的核心,舰队中的其他船只负责保护和供给,而航空母舰则负责空中掩护和远程打击。发展至今,航空母舰已是现代海军不可或缺的武器,也是海战最重要的舰艇之一。

巡洋舰(cruiser)是一种火力强、用途多,主要在远洋活动的大型水面战舰。巡洋舰装备有较强的进攻和防御型武器,具有较高的航速和适航性,能在恶劣气候条件下长时间进行远洋作战。

驱逐舰(destroyer)是现代海军舰队中作战能力较强的舰种之一,通常用于攻击水面舰船、潜艇和岸上等目标,并能执行舰队防空、侦察、巡逻、警戒、护航和布雷等任务,是现代海军舰艇中用途最广泛、建造数量最多的主战舰艇之一。

美国提康德罗加级巡洋舰

美国阿利·伯克级驱逐舰

护卫舰(frigate)曾被称为护航舰或护航驱逐舰,武器装备以中小口径舰炮、导弹、鱼雷、水雷和深水炸弹为主。在现代海军编队中,护卫舰在吨位和火力上仅次于驱逐舰,但由于其吨位较小,自持力较驱逐舰为弱,远洋作战能力逊于驱逐舰。

濒海战斗舰(littoral combat ship)是美国海军为取代佩里级护卫舰在20世纪90年代初

英国公爵级护卫舰

美国独立级濒海战斗舰

期进行的 SC-21 水面战斗舰艇计划的一部分。与传统护航舰艇相比，濒海战斗舰削弱了打击火力，使用一种能兼顾高速与隐身性的舰体构型，以轻量化的高科技材料建造，以便能在充满变数与威胁的敌国近海执行任务并确保生存。

导弹艇（missile boat）是一种以导弹为武器的小型战斗舰艇，具有造价低、威力大的特点。有的大型导弹艇装备有鱼雷、水雷、深水炸弹，还有搜索探测、武器控制、通信导航、电子对抗和指挥控制自动化系统。

### 潜艇

潜艇（submarine）也叫潜水艇，是一种能在水下运行的舰艇。现代潜艇按照动力可分为常规动力潜艇与核潜艇；按照作战使命分为攻击潜艇与战略导弹潜艇；按照排水量，常规动力潜艇可分为大型潜艇（2000 吨以上）、中型潜艇（600～2000 吨）、小型潜艇（100～600 吨）和袖珍潜艇（100 吨以下）四类，而核潜艇的排水量通常在 3000 吨以上。

美国洛杉矶级攻击型核潜艇

### 两栖舰艇

两栖舰艇也称登陆舰艇，它是一种用于运载登陆部队、武器装备、物资车辆、直升机等进行登陆作战的舰艇，出现于二战中，并于20世纪50年代以后迅速发展壮大。两栖舰艇主要包括两栖攻击舰、船坞登陆舰、坦克登陆舰、两栖指挥舰、登陆艇等。

美国美利坚级两栖攻击舰

### 勤务舰艇

勤务舰艇亦称辅助舰船、军辅船，是担负战斗保障、后勤保障和技术保障任务的舰船的统称，包括侦察船、海道测量船、运输舰、补给舰、训练舰、防险救生船、医院船、工程船、海洋调查船、试验船、维修供应舰、消磁船、破冰船、布设舰船、基地勤务船等。船体多为钢质结构，排水型。满载时的排水量小则十几

美国供应级快速战斗支援舰

吨，大则数万吨。勤务舰艇装有适应不同用途的装置和设备，有的还装备有自卫武器。

### 航空器

航空器是海军航空兵的主要作战装备。海军航空兵是在海洋上空执行作战任务的海军的一个重要兵种。它是夺取海上制空权的主要兵力，是海上战场的重要突击力量和重要保障力量。海军航空兵可以单独地或协同海军其他兵种及其他军兵种完成多种海上作战任务。

美国F-35C"闪电"Ⅱ战斗机

按照起降基地不同，海军航空兵分为岸基航空兵和舰载航空兵。岸基航空兵以陆上机场和水上机场为基地，通常配备有航程远、续航时间长的轰炸机、侦察机和反潜巡逻机。舰载航空兵以航空母舰和其他舰船为载体，通常配备有战斗机、攻击机、预警机和直升机等。舰载航空兵具有远在母舰火炮和战术导弹射程以外作战的能力，也能借助母舰的续航力，进入各海洋战区活动。

## ●世界知名舰队

舰队（Fleet）是海军的高级作战兵力集团，有较固定的作战水域，担负某一战略方向海上作战任务的海军战略战役集团；通常是海军中最高级别的建制单位。舰队一般都以作战海区的名字命名的，但美国海军也用数字来为海军舰队命名。

### 美国海军第三舰队

美国海军第三舰队（United States Third Fleet）成立于 1943 年 3 月，防区范围在美国东部和北部太平洋海域（包含白令海、阿拉斯加、阿留申群岛及部分北极），这一区域是主要的石油运输和海上贸易交通线的所在，对美国及其在环太平洋地区的盟国的经济健康至关重要。

1943 年 3 月 15 日，美国海军上将威廉·哈尔西宣布成立第三舰队。1944 年 6 月 15 日，第三舰队的岸上

★ 美国海军第三舰队标识

总部在夏威夷珍珠港内成立。最初，第三舰队的旗舰为"新泽西"号战列舰，1945 年 5 月改为"密苏里"号战列舰。二战期间，第三舰队参加过瓜岛之战及菲律宾莱特岛登陆战，并参与了对东京、吴港和北海道的水面攻击行动，炮击了部分日本海岸城市。1945 年 8 月 29 日，威廉·哈尔西率领第三舰队至日本东京湾，并于 9 月 2 日在"密苏里"号战列舰的甲板上接受了日本签署的投降书。1986 年 7 月，第三舰队以"科罗纳多"号两栖船坞登陆舰作为新的旗舰。

目前，第三舰队下辖第 1 航空母舰打击群、第 3 航空母舰打击群、第 9 航空母舰打击群、第 11 航空母舰打击群和第 3 远征打击群，以及中太平洋水面大队、第 1 濒海战斗舰中队、海上攻击直升机联队、第 1 爆炸军械处理大队、第 1 沿海江河作战大队、海军航空与导弹防御司令部、水雷及反潜作战司令部等单位。

### 美国海军第六舰队

美国海军第六舰队（United States Sixth Fleet）成立于 1950 年 2 月 12 日，防区范围是环绕欧洲和非洲的北冰洋、大西洋、印度洋一带，旗舰为"惠特尼山"号两栖指挥舰（USS Mount Whitney LCC-20）。

第六舰队的前身是活动于地中海的几个小型作战分队，其任务是执行该地区的海上监视与作战任务。1948 年，这几个小型作战分队改称第六特遣部队，1950 年改称第六舰队。自组建以来，第六舰队多次参加美军的军事行动，包括入侵黎巴嫩、"草原烈火"行动、海湾战争、伊拉克战争等。

★ 美国海军第六舰队标识

目前，第六舰队共有官兵约 1.4 万人，通常保持 20～30 艘舰船，编为 10 个特遣部队（第 60 特遣部队 / 战斗部队、第 61 特遣部队 / 两栖部队、第 62 特遣部队 / 登陆部队、第 63 特遣部队 / 勤务部队、第 64 特遣部队 / 弹道导弹潜艇部队、第 65 特遣部队 / 反水雷作战部队、第 66 特遣部队 / 区域反潜部队、第 67 特遣部队 / 海上侦察监视部队、第 68 特遣部队 / 特种作战部队、第 69 特遣部队 / 攻击潜艇部队）。

### 美国海军第七舰队

美国海军第七舰队（United States Seventh Fleet）是美国海军旗下的远洋舰队之一，成立于 1943 年 3 月，防区范围东起国际日期变更线以西的太平洋和印度洋，西至非洲东岸红海（不包括波斯湾），南达印度洋及南极，北至白令海峡。成立至今，第七舰队参加过多场战争，包括二战、越南战争和海湾战争等。

目前，第七舰队的旗舰为"蓝岭"号两栖指挥舰（LCC-19），司令部设在日本的横须贺港，驻地包括佐世保、冲绳、釜山、浦项、镇海及樟宜等地，是美国最大的海外前线投送部队。整个舰队约有 50～60 艘军舰、350 架战机，舰队满员编制 6 万人，其中包括 38000 名海军官兵和 22000 名海军陆战队员，平时总兵力约 2 万人。一般由"乔治·华盛顿"号航空母舰组成的航空母舰战斗群为主要作战部队，辅以陆基航空兵和两栖部队。必要时，可以从第三舰队或其他部队抽调舰艇补充。

★ 美国海军第七舰队标识

### 俄罗斯海军北方舰队

北方舰队是俄罗斯海军五大舰队之一，最早可追溯到沙皇俄国时期规模较小的北冰洋舰队，苏联时期北冰洋舰队扩编并改名为红海军北方舰队，并逐渐扩大成为苏联五大舰队之中规模最大、实力最强的一支。苏德战争中，北方舰队经受了严峻的考验，完成了支援陆军侧翼、破坏敌人交通线和保障己方交通线等多种多样的作战任务。北方舰队对德国海上交通线频繁打击，大大破坏了德军的运输并阻挠其从北挪威运走镍矿和铁矿。

苏联解体后，北方舰队由俄罗斯继承，尽管俄罗斯海军在苏联解体后实力大大降低，但北方舰队现在仍为俄罗斯最强大的舰队，俄罗斯海军唯一的航空母舰"库兹涅佐夫"号便属于北方舰队。目前，北方舰队的活动范围涵盖了整个北极圈、北大西洋以及加拿大周围水域。除了塞维尔摩尔斯克主基地以外，北方舰队还有其他六个海军基地和几个船厂以及燃料储藏站。

★ 俄罗斯海军北方舰队标识

# 第 2 章
# 水面战斗舰艇

水面战斗舰艇是执行水面战斗任务的海军舰艇，是现代海军的主要装备。按其基本任务的不同，又分为不同的舰种，有航空母舰、巡洋舰、驱逐舰、护卫舰、濒海战斗舰等。

# No.1 美国尼米兹级航空母舰

| 基本参数 | |
|---|---|
| 满载排水量 | 100020 吨 |
| 长度 | 317 米 |
| 宽度 | 76.8 米 |
| 吃水 | 11.3 米 |
| 最高航速 | 30 节 |

★ 尼米兹级航空母舰俯视图

尼米兹级航空母舰（Nimitz class aircraft carrier）是美国海军现役的核动力航空母舰，作为美国海军远洋战斗群的核心力量，可搭载多种不同用途的舰载机对敌方飞机、水面舰艇、潜艇和陆地目标发动攻击。

## ● 研发历史

1961年，美国海军第一艘核动力航空母舰"企业"号（CVN-65）服役后，由于其造价太过昂贵，美国一度停止建造核动力航空母舰。直到1965年越南战争爆发以后，美国国防部才重新意识到核动力航空母舰无与伦比的持续作战能力以及寿命周期成本效益。1968年6月，美国开始建造新一级核动力航空母舰，即尼米

★ 尼米兹级航空母舰艏部视角

兹级航空母舰。该级舰一共建造了 10 艘，均采用核动力推进。首舰"尼米兹"号于 1975 年开始服役，十号舰"布什"号于 2009 年开始服役。

尼米兹级航空母舰的前三艘（"尼米兹"号、"艾森豪威尔"号、"卡尔·文森"号）和后七艘（"罗斯福"号、"林肯"号、"华盛顿"号、"斯坦尼斯"号、"杜鲁门"号、"里根"号、"布什"号）的规格略有不同，因此也有人将后七艘称为罗斯福级。不过，美国海军对这两种舰只构型并不做区别，一律称呼为尼米兹级。

## ● 船体构造

尼米兹级航空母舰采用封闭式飞机甲板，机库甲板以下的船体是整体的水密结构，由内外两层壳体组成。机库甲板以上共分 9 层，飞行甲板以下为 4 层，飞行甲板上的岛形上层建筑为 5 层。尼米兹级航空母舰的斜角飞行甲板长 238 米，斜角甲板与舰体中心线夹角为 9.5 度。

尼米兹级航空母舰艉部视角

尼米兹级航空母舰的防护设计相当优越，抵抗战损的能力远胜于美国在二战时期建造的埃塞克斯级航空母舰。尼米兹级航空母舰看重防护与损害管制能力，甲板与舰体采用高强度高张力钢板以提升存活率，从舰底到飞行甲板都采用双层舰壳，内、外层舰壳之间以 X 形构造连接，外层舰壳与舰壳间的 X 形构造能吸收敌方武器命中时造成的冲击能量，减轻对舰体内部的破坏。内层舰壳在重要舱室部位设有厚 76～127 毫米不等的钢质装甲，并构成一个完整的箱形结构，舰体划分了两千多个水密舱区，舰内总共设有 23 道横向水密隔舱壁和 10 道防火隔舱壁，水线以下有 4 道纵向防雷舱壁，并大量装备先进灭火系统。

## ● 作战性能

尼米兹级航空母舰在福特级航空母舰服役之前一直是美国乃至全世界排水量最大的军舰，综合作战能力在同类舰艇中首屈一指。该级舰可搭载 90 架舰载机，均是美国海军目前最先进的舰载机型，包括 F/A-18"大黄蜂"战斗/攻击机、EA-18G"咆哮者"电子战飞机、E-2"鹰眼"预警机、MH-60"海鹰"直升机、C-2"灰狗"运输机等。尼米兹级航空母舰配置 4 具 C-13-1 蒸汽弹射器，以及由 4 条拦阻索构成的 Mk 7 飞机降落拦阻系统。此外，还有 4 座长 21.3 米、宽 15.8 米、表面积 374 平方米、自重 105 吨、载重 47 吨的大型侧舷升降机。

自卫武器方面，前两艘尼米兹级航空母舰配备 3 套点防御导弹系统（BPDMS），每套由一个八联装 Mk 25 型防空导弹发射器以及一个由人工操作的 Mk 71 雷达/光学瞄准平台控制构成。后续舰则改用 3 套改良型点防御导弹系统（IPDMS），包含 Mk 91 火控雷达与八联装 Mk 29 型轻量化发射器，此外还加装 4 座"密集阵"近程防御武器系统。

# No.2 美国杰拉德·R.福特级航空母舰

| 基本参数 | |
|---|---|
| 满载排水量 | 100000 吨 |
| 长度 | 337 米 |
| 宽度 | 78 米 |
| 吃水 | 12 米 |
| 最高航速 | 30 节 |

★ 杰拉德·R.福特级航空母舰左舷视角

杰拉德·R.福特级航空母舰（Gerald R. Ford class aircraft carrier）是美国正在建造的新一代核动力航空母舰，服役后将取代尼米兹级航空母舰成为美国海军舰队的新骨干。

## ●研发历史

1996 年，美国海军开始正式研究尼米兹级航空母舰的后继项目，最初称为 CVNX 项目，后改为 CVN-21 项目。该项目曾有不少十分前卫、超脱现今航空母舰设计的构型，不过考虑到成本、风险与实用性，美国海军最后还是选择由小鹰级航空母舰到尼米兹级航空母舰

杰拉德·R.福特级航空母舰艏部视角

一脉相承的传统构型进行改良。2007年1月，美国官方将新一代航空母舰的首舰正式命名为"杰拉德·R.福特"号。该命名源于美国第37任副总统和第38任总统杰拉德·R.福特（1913年7月14日～2006年12月26日）。

2009年11月，"杰拉德·R.福特"号开始建造，2013年10月举行下水仪式，2017年7月开始服役。二号舰"肯尼迪"号于2015年8月开始建造，2019年10月下水，2020年开始服役。三号舰"企业"号及其他同级舰计划于2020年后陆续开始建造，总建造数量计划为10艘，最终完全取代尼米兹级航空母舰。

## •船体构造

★航行中的杰拉德·R.福特级航空母舰

与尼米兹级航空母舰相比，杰拉德·R.福特级航空母舰有3个重点改良方向，包括全面提升作战能力、改善官兵在舰上的生活品质以及降低成本。杰拉德·R.福特级航空母舰的舰体设计更加紧凑，并且具备隐形能力。该级舰有2个机库、3座升降机，配合加大的飞行甲板，能够大幅提升战机出击率。动力系统方面，杰拉德·R.福特级航空母舰采用了新型A1B核反应堆，发电量为尼米兹级航空母舰的3倍，其服役期间（50年）不用更换核燃料棒。此外，杰拉德·R.福特级航空母舰的舰员舱也有所改进，每个住舱都配有卫生间，舰员生活空间也更私密。由于杰拉德·R.福特级航空母舰的整体自动化程度较尼米兹级航空母舰大为增加，所以人力需求大大降低。

## •作战性能

杰拉德·R.福特级航空母舰配备了4座电磁弹射系统（Electromagnetic Aircraft Launch System，EMALS）和先进飞机回收系统（含3条拦阻索和1道拦阻网），比传统蒸汽弹射器和拦阻索的效率更高，甚至能起

杰拉德·R.福特级航空母舰艉部视角

降无人机。杰拉德·R.福特级航空母舰可以搭载75架舰载机，计划搭载的机型有F-35C"闪电"Ⅱ战斗机、F/A-18E/F"超级大黄蜂"战斗/攻击机、EA-18G"咆哮者"电子作战飞机、E-2D"鹰眼"预警机、MH-60R/S"海鹰"直升机、联合无人空战系统（J-UCAS）等。

杰拉德·R.福特级航空母舰的自卫武器包括"密集阵"近程防御武器系统、RIM-116"拉姆"短程舰对空导弹发射装置、Mk 29"海麻雀"舰对空导弹发射装置等。未来杰拉德·R.福特级航空母舰的武器系统可能会朝向电磁炮甚至直接能量的激光炮的方向发展。

# No.3 美国提康德罗加级巡洋舰

| 基本参数 | |
|---|---|
| 满载排水量 | 9800 吨 |
| 长度 | 173 米 |
| 宽度 | 16.8 米 |
| 吃水 | 10.2 米 |
| 最高航速 | 32.5 节 |

★ 提康德罗加级巡洋舰左舷视角

提康德罗加级巡洋舰（Ticonderoga class cruiser）是美国海军现役唯一一级巡洋舰，配备了"宙斯盾"作战系统。在美国海军的作战编制上，该级舰是作为航空母舰战斗群与两栖攻击战斗群的主要战情指挥中心，以及为航空母舰或两栖攻击舰提供保护。

## ● 研发历史

20世纪60年代中期，美国海军开始进行先进水面导弹系统（ASAM）计划，旨在研发一种先进的舰载战斗系统装备在航空母舰的护卫舰只上，其成果就是"宙斯盾"作战系统。美国海军最初计划将弗吉尼亚级巡洋舰进行改良，作为"宙斯盾"作战系统的安装平台，但是由于太昂贵而作罢。紧接着，美国海军又陆续规划了DG/Aegis、DG（N）、CSGN、CGN 42等多种"宙斯盾"平台方案。

1977年，当时计划搭载"宙斯盾"作战系统的核动力打击巡洋舰（CSGN）由于吨位与成本飞涨，风险过高，因此美国海军提出一个高低搭配方案，打算利用极成功的斯普鲁恩斯级驱逐舰舰体剩下的 1000 吨的重量余裕修改成一种低端的传统动力"宙斯盾"舰艇，此计划称为 DDG-47。次年 9 月，美国海军与英格尔斯造船厂签署了 DDG-47 首舰的细部设计与建造合约。此时，其他几种"宙斯盾"平台方案都已被取消。

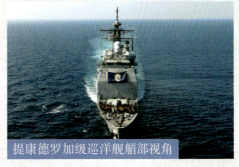
提康德罗加级巡洋舰艏部视角

美国海军最初打算订购 16 艘 DDG-47，之后又三次追加订购数量，最终达到 27 艘。1980 年 1 月 1 日，由于美国海军巡洋舰的陆续退役，美国宣布将 DDG-47 改列为导弹巡洋舰（CG）。1983 年 1 月，首舰"提康德罗加"号开始服役，而最后一艘"皇家港"号则在 1994 年 7 月开始服役。截至 2020 年初，提康德罗加级巡洋舰仍有 22 艘在役。

提康德罗加级巡洋舰俯视图

## ●船体构造

提康德罗加级巡洋舰的大型箱形上层建筑位于舰体中部靠前，舰桥位于前端，小型框架式桅杆位于舰桥顶部，装有 SPQ-9A 火控雷达整流罩。该级舰为双烟囱配置，每个烟囱装有 3 个排气口。前烟囱的 2 个大直径排气口在前，较小的在后。后烟囱 3 个排气口尺寸均较小，位于较后位置。烟囱之间的大型框架式主桅杆装有雷达天线。

## ●作战性能

前五艘提康德罗加级巡洋舰（CG-47～51）都在舰艏与舰艉各配备 1 座 Mk 26 Mod 5 双臂导弹发射器，每座可装填 44 枚导弹，除了主要的"标准"Ⅱ防空导弹之外，也能填入"阿斯洛克"反潜导弹。此外，舰艉左侧设有 2 座四联装"鱼叉"反舰导弹发射器，舰艉楼两侧内部各有 1 座三联装 Mk 32 鱼雷发射器。

提康德罗加级巡洋舰发射导弹

舰炮方面，舰艏和舰艉各装有 1 门 127 毫米 Mk 45 舰炮。

自"邦克山"号巡洋舰（CG-52）以后的提康德罗加级巡洋舰都将 Mk 26 双臂发射器换成 Mk 41 垂直发射系统（16 座八联装发射器，舰身前、后部各装 8 座），使得面对空中饱和攻击的能力大增，更能发挥"宙斯盾"作战系统一次处理大量目标的实力。另外，从"文森尼斯"号巡洋舰（CG-49）开始，舰载直升机由前两艘使用的 SH-2F 直升机换成了 SH-60B 直升机。

# No.4 美国阿利·伯克级驱逐舰

| 基本参数 | |
|---|---|
| 满载排水量 | 9217 吨 |
| 长度 | 156.5 米 |
| 宽度 | 20.4 米 |
| 吃水 | 6.1 米 |
| 最高航速 | 30 节 |

★ 阿利·伯克级驱逐舰左舷视角

阿利·伯克级驱逐舰（Arleigh Burke class destroyer）是美国于20世纪80年代开始建造的导弹驱逐舰，目前是美国海军的主力驱逐舰，也是世界各国现役驱逐舰中建造数量最多的一级。

## ● 研发历史

阿利·伯克级驱逐舰的研制工作始于20世纪70年代中期，其研制目的是替换老旧的孔茨级和查尔斯·亚当斯级导弹驱逐舰，并作为提康德罗加级巡洋舰的补充力量。首舰"阿利·伯克"号驱逐舰于1988年12月开工，1991年7月正式服役。该级舰原计划建造62

阿利·伯克级驱逐舰舯部视角

艘，最后一艘于2012年10月开始服役。不过，美国海军在2009年4月和2013年6月两次增加了阿利·伯克级驱逐舰的建造计划，使其建造数量达到82艘。截至2020年初，阿利·伯克级驱逐舰共有67艘在役。

阿利·伯克级驱逐舰艉部视角

## ●船体构造

阿利·伯克级驱逐舰一改驱逐舰传统的瘦长舰体，采用了一种少见的宽短线型。这种线型具有极佳的适航性、抗风浪性和机动性，能在恶劣海况下保持高速航行，横摇和纵摇极小。不过，这种较为短粗的舰体在流体力学上不利于高速航行。

为了提高生存能力，阿利·伯克级驱逐舰的设计中充分考虑了减轻战损和在战损情况下保持战斗力的措施。它是世界上第一种装有核生化空气过滤器的战舰，其舰体设计具有气密的效果，所有船舱皆可增加气压来防止核生化污染。重要舱室都敷设了"凯芙拉"装甲，重要系统均有抗冲击加固，能经受水下和空中爆炸的冲击效应。

## ●作战性能

阿利·伯克级驱逐舰具有对陆、对海、对空和反潜的全面作战能力。它配备了2座Mk 41导弹垂直发射系统，可视作战任务决定"战斧"导弹、"标准"Ⅱ导弹、"海麻雀"导弹和"阿斯洛克"导弹的装弹量。此外，该级舰还装有1门127毫米全自动

阿利·伯克级驱逐舰编队航行

舰炮、2座四联装"鱼叉"反舰导弹发射装置、2座"密集阵"近程防御武器系统、2座Mk 32型324毫米鱼雷发射管（发射Mk 46或Mk 50反潜鱼雷）。此外，该级舰的后期型号还可搭载2架SH-60B/F直升机，主要用于反潜作战。

阿利·伯克级驱逐舰配备的"宙斯盾"作战系统是美国海军现役最重要的整合式水面舰艇作战系统，具有强大的反击能力，可综合指挥舰上的各种武器，同时拦截来自空中、水面和水下的多个目标，还可对目标威胁进行自动评估，从而优先击毁对自身威胁最大的目标。"宙斯盾"作战系统的核心是AN/SPY-1D相控阵雷达，它的天线由四块八角形的固定式辐射阵面构成，工作时借助于计算机对各个阵面上的发射单元进行360度的相位扫描，不仅速度快、精度高，而且仅一部雷达就可完成探测、跟踪、制导等多种功能，可以同时搜索和跟踪上百个空中和水面目标。该雷达的工作参数可以迅速变换，具有极强的抗干扰能力，还能消除海面杂波的影响，可以有效探测掠海飞行的超低空目标。

# No.5 美国朱姆沃尔特级驱逐舰

| 基本参数 | |
|---|---|
| 满载排水量 | 14798 吨 |
| 长度 | 180 米 |
| 宽度 | 24.6 米 |
| 吃水 | 8.4 米 |
| 最高航速 | 30 节 |

★ 航行中的朱姆沃尔特级驱逐舰

朱姆沃尔特级驱逐舰（Zumwalt class destroyer）是美国正在建造的最新一级驱逐舰，单艘造价高达 75 亿美元（超过尼米兹级航空母舰），其舰体设计、电机动力、网络通信、侦测导航、武器系统等，无一不是全新研发的尖端科技结晶，充分展现了美国海军的科技实力、雄厚财力以及颇具前瞻性的设计思想。

## ●研发历史

朱姆沃尔特级驱逐舰由诺斯洛普·格鲁曼公司、雷神公司、通用动力公司、英国航空电子系统公司、洛克希德·马丁公司等百余家研究机构和公司联合研发。原本美国海军想要建造 32 艘朱姆沃尔特级驱逐舰，但由于新的实验性科技成本过高，建造数量缩减为 24 艘后，又进一步缩减至 7 艘。之后为了腾出预算继续建造新的阿利·伯克级驱逐舰，最终定案只建造 3 艘朱姆沃尔特级驱逐舰。

首舰"朱姆沃尔特"号（DDG-1000）于2011年11月开工建造，2016年10月开始服役。二号舰"迈克尔·蒙苏尔"号（DDG-1001）于2013年5月开工建造，2016年6月下水，2019年1月开始服役。三号舰"林登·约翰逊"号（DDG-1002）于2015年4月开工建造，2018年12月下水，截至2020年初仍未正式服役。

朱姆沃尔特级驱逐舰（前）和独立级濒海战斗舰（后）

## ●船体构造

朱姆沃尔特级驱逐舰采用先进而全面的隐身设计，其舰面上只有一个单一的全封闭式船楼结构。这是一个一体成型的模块化结构，采用重量轻、强度高、雷达反射性低且不会锈蚀的复合材料制造，整体造型由下往上向内收缩以降低雷达反射截面。这个结构不仅整合了舰桥和所有电子装备的天线，还容纳有主机烟囱的排烟道，艉部则含有直升机库。

不同于现役大部分舰艇，朱姆沃尔特级驱逐舰将采用革命性的整合式全电力推进系统（Integrated Electric Propulsion，IEP）。动力系统的废气先以海水以及空气冷却，由整合式舰岛顶部的排气口排出，只能从上方才能观测到排烟口，减少了敌方的红外线观测方位。

朱姆沃尔特级驱逐舰在港口中

## ●作战性能

朱姆沃尔特级驱逐舰的主要武器包括2座先进舰炮系统（Advanced Gun System，AGS）、20具Mk 57导弹垂直发射装置和2门30毫米Mk 46链炮。AGS是一种155毫米火炮，其装药量、持续发射能力和齐射压制能力均远胜美国海军现役的Mk 45 Mod 4舰炮。Mk 57导弹垂直发射装置位于船体周边，一共可装80枚导弹，包括"海麻雀"导弹、"战斧"巡航导弹、"标准"Ⅱ导弹和反潜火箭等。朱姆沃尔特级驱逐舰拥有两个直升机库，可配备2架改良型的SH-60R反潜直升机，或者由1架MH-60R特战直升机搭配3架RQ-8A"火力侦察兵"无人机的组合。

朱姆沃尔特级驱逐舰右舷视角

# No.6 美国自由级濒海战斗舰

| 基本参数 | |
|---|---|
| 满载排水量 | 3500 吨 |
| 长度 | 115 米 |
| 宽度 | 17.5 米 |
| 吃水 | 3.9 米 |
| 最高航速 | 47 节 |

★ 航行中的自由级濒海战斗舰

自由级濒海战斗舰（Freedom class littoral combat ship）是由美国洛克希德·马丁公司主持研制的濒海战斗舰，计划建造16艘，截至2020年初已有9艘开始服役。

## ●研发历史

20世纪90年代初，苏联的解体使美国海军的作战环境、作战对象发生了巨大变化。海湾战争结束后，美国海军便开始不断调整军事战略，先后提出了"由海向陆""前沿存在"等战略思想。2002年，美国海军又提出了"海上打击、海上盾牌和海上基地"概念，标志

自由级濒海战斗舰俯视图

着"近海战略"正式替代了"远洋战略"。此后,美国海军逐渐缩减大型战舰的规模,而将舰艇发展的重点转向以濒海战斗舰为代表的小型战舰。

2004年,美国海军与洛克希德·马丁公司领导的工业小组签订合同,研发自由级濒海战斗舰。2005年,首舰"自由"号(LCS-1)开始铺设龙骨,之后于2006年9月下水,2008年8月开始进行海试,同年11月正式服役。截至2020年初,自由级濒海战斗舰共有9艘入役,另有2艘已经下水,3艘正在建造。

## • 船体构造

自由级濒海战斗舰的排水量比导弹驱逐舰更小,与国际上所指的护卫舰相仿。该级舰采用一种被称为"先进半滑航船体"的非传统单船体设计,其船体在高速航行时会向上浮起,吃水减少,阻力因此大幅降低。自由级濒海战斗舰具有可操作2架SH-60"海鹰"直升机的飞行甲板和机库,还有从船尾回收

★ 自由级濒海战斗舰艏部视角

和释放小艇的能力,并有足够大的货运量来运输一支小型部队或装甲车等。

## • 作战性能

自由级濒海战斗舰可搭载220吨的武装及任务系统,舰艏装有1门57毫米Mk 110舰炮,直升机库上方设有1座Mk 49导弹发射装置(发射RIM-116"拉姆"舰对空导弹);船楼前、后方的两侧各有1挺12.7毫米机枪。直升机库上方预留了两个武器模组安装空间,

自由级濒海战斗舰左舷视角

可依照任务需求设置垂直发射器来装填短程防空导弹,或者安装30毫米Mk 44舰炮模组。

自由级濒海战斗舰的舰桥顶端设有光电搜索装置,配备欧洲宇航防务集团研制的TRS-3D型C波段对空/平面搜索雷达,以实施空中与水面目标的定位、监测、跟踪和火力分配,该雷达还采用了最先进的信号处理技术,尤其适合在极端条件下对低空飞行或慢速移动目标进行探测,如反舰导弹和直升机。自由级濒海战斗舰引入了潜艇无线通信,还配有WBR-2000电子对抗系统和SKWS诱饵发射系统。

# No.7 美国独立级濒海战斗舰

## 基本参数

| 基本参数 | |
|---|---|
| 满载排水量 | 3104 吨 |
| 长度 | 127.4 米 |
| 宽度 | 31.6 米 |
| 吃水 | 4.3 米 |
| 最高航速 | 44 节 |

★ 航行中的独立级濒海战斗舰

独立级濒海战斗舰（Independence class littoral combat ship）是与自由级濒海战斗舰同期研制的另一种濒海战斗舰，计划建造 19 艘，截至 2020 年初已有 10 艘开始服役。

### •研发历史

独立级濒海战斗舰与自由级濒海战斗舰是同时发展的。美国海军在 2004 年 5 月与通用动力公司签下研发合约。2005 年，通用动力公司完成了独立级濒海战斗舰的细部设计。首舰"独立"号（LCS-2）于 2006 年 1 月开工建造，2008 年 4 月下水，2010 年 1 月正式服役。截至 2020 年初，独立级

★ 独立级濒海战斗舰艏部视角

濒海战斗舰共有 10 艘入役，另有 2 艘已经下水，2 艘正在建造。

## • 船体构造

独立级濒海战斗舰是一种铝质三体舰，舰体采用模块化结构，并选用先进的舰体材料和动力装置。该舰配备有舰艉舱门和一个吊臂，可以发送和回收小艇和水中传感器。此外，独立级濒海战斗舰还配备有升降机，可让 MQ-8B 无人机配置到飞行甲板下的任务舱内。独立级濒海战斗舰具有大面积的飞行甲板，能够同时进行两架 SH-60 直升机的作业，并能搭载美国海军最大型的直升机 MH-53，这在相同排水量的美国海军战舰中是不可能实现的，这就是"独立"号濒海战斗舰采用三体船型所带来的优势。

独立级濒海战斗舰艉部视角

## • 作战性能

独立级濒海战斗舰装备了 1 门 Mk 110 型 57 毫米舰炮、1 套"拉姆"反舰导弹防御系统以及 4 挺 12.7 毫米机枪。此外，还可以加装 AGM-114L"地狱火"导弹发射装置和 Mk 44 型 30 毫米舰炮。该舰飞行甲板可以容纳 2 架 SH-60 直升机或者 1 架 CH-53 直升机。机库可容纳 2 架 SH-60 直升机，或者 1 架 SH-60 直升机和 3 架 MQ-8B 无人机。

独立级濒海战斗舰装有 AN/SPS-77(V)1"海长颈鹿"对空/平面搜索雷达（瑞典萨博公司制造）、AN/KAX-2 光电探测系统、ES-3601 电子战支援系统、"纳尔卡"有源雷达诱饵系统（英国宇航系统公司制造），以诺斯洛普·格鲁曼公司制造的综合战斗管理系统等电子设备。在进行传统水面作战时，独立级濒海战斗舰将运用全新的技术，使用"海长颈鹿"雷达来进行远程探测，采用"拉姆"导弹系统实现精确导引，打击任何目标，并进行有效火力控制。

独立级濒海战斗舰左舷视角

# No.8 苏联/俄罗斯"库兹涅佐夫"号航空母舰

| 基本参数 | |
|---|---|
| 满载排水量 | 67500 吨 |
| 长度 | 306.3 米 |
| 宽度 | 72 米 |
| 吃水 | 11 米 |
| 最高航速 | 32 节 |

★ 航行中的"库兹涅佐夫"号航空母舰

"库兹涅佐夫"(Kuznetsov)号航空母舰是苏联建造的大型常规动力航空母舰，1991年1月开始服役，目前是俄罗斯海军唯一的航空母舰，部署于北方舰队。

● 研发历史

在经历了第一代航空母舰的艰苦探索和第二代航空母舰的成功建造之后，航空母舰的重要作用逐渐得到苏联认可。1983年2月22日，苏联在尼古拉耶夫造船厂开工建造第一艘大型航空母舰，该舰先后被命名为"苏联"号、"克里姆林宫"号、"布里兹涅夫"号、"第比利

"库兹涅佐夫"号航空母舰艏部视角

斯"号，1991年1月服役时更名为"库兹涅佐夫"号，舷号063。该舰名来源于苏联海军元帅尼古拉·格拉西莫维奇·库兹涅佐夫，他是二战时期的苏联海军总司令，"苏联英雄"荣誉称号获得者。"库兹涅佐夫"号航空母舰的同级舰"瓦良格"号航空母舰于1985年12月开工建造，但最终由于苏联解体、经济衰退而被迫下马。

"库兹涅佐夫"号航空母舰集当时苏联科技发展之大成，是苏联海军历史上第一艘真正意义上的航空母舰。与西方航空母舰相比，该舰的定位有所不同，苏联称之为"重型航空巡洋舰"，它没有装备平面弹射器，却可以起降重型战斗机。即便不依赖舰载机，该舰仍有相当强大的战斗力量。"库兹涅佐夫"号可以防卫和支援战略导弹潜艇及水面舰艇，也可以搭载舰载机进行独立巡弋。

## ●船体构造

"库兹涅佐夫"号航空母舰的舰艏水上部分有较大幅度的外飘，舰艏水下部分设球鼻艏，用于安装声呐换能器。舰艉为方形，舭部（船舷侧板与船底板的弯曲部）为圆形。主舰体从飞行甲板往下有7层甲板、2层平台和双层底，共10层甲板。岛式上

"库兹涅佐夫"号航空母舰艉部视角

层建筑位于飞行甲板右侧，布置有指挥部位、高级住舱、电子设备和工作舱室等。水上部分舰体的防御方面，基本采用了钢－玻璃纤维－钢的夹层结构。

## ●作战性能

一般情况下，"库兹涅佐夫"号航空母舰的载机方案为20架苏-33战斗机、15架卡-27反潜直升机、4架苏-25UGT教练机和2架卡-31预警直升机。该舰的舰载机需要使用本身的动力，冲上跳板升空。这种设计比采用平面弹射器的航空母舰具备更高的飞机起飞角度和高度，所需要的操作人员较

"库兹涅佐夫"号航空母舰左舷视角

少，但也带来了舰载机设计难度大、起飞重量受限、对飞行员技术要求高等弊端。

"库兹涅佐夫"号航空母舰的自身防御火力超过美国尼米兹级航空母舰。一般来说，航空母舰仅配备少量的防御自卫武器，防御任务主要靠航空母舰编队的护卫舰艇和航空母舰上的舰载机来担负。然而，"库兹涅佐夫"号除舰载机外，还拥有大量的武器装备，其战斗力比普通巡洋舰都强。该舰的舰载武器包括8门AK-630近防炮、8座"卡什坦"近程防御武器系统、12座P-700"花岗岩"反舰导弹发射装置、4座3K95"匕首"防空导弹发射装置、2座十联装RBU-12000火箭深弹发射装置、2座PK-2干扰箔条发射器和10座PK-10干扰箔条发射器等。

# No.9 苏联/俄罗斯基洛夫级巡洋舰

| 基本参数 | |
|---|---|
| 满载排水量 | 28000 吨 |
| 长度 | 252 米 |
| 宽度 | 28.5 米 |
| 吃水 | 9.1 米 |
| 最高航速 | 32 节 |

★ 基洛夫级巡洋舰左舷视角

基洛夫级巡洋舰（Kirov class cruiser）是苏联于20世纪70年代开工建造的大型核动力巡洋舰，一共建造了4艘。

## • 研发历史

基洛夫级巡洋舰是苏联海军与美国海军进行军备竞赛的产物，是苏联海军为实现从近海走向远洋、从防御走向进攻、与美国海军争霸海洋的海军战略而制订的海军发展规划的组成部分之一。首舰"乌沙科夫上将"号于1973年开始建造，1980年12月末服役。二号舰"拉

航行中的基洛夫级巡洋舰

扎耶夫上将"号于1984年服役,三号舰"纳希莫夫上将"号于1988年服役,四号舰"彼得大帝"号于1996年服役。截至2020年初,"彼得大帝"号仍在俄罗斯海军服役,"纳希莫夫上将"号则在接受现代化改造,其余两舰已经退役。

## ● 船体构造

基洛夫级巡洋舰的外形设计比较紧凑,上层建筑主要布置在中后部。与苏联海军以往的舰船相比,基洛夫级巡洋舰的前后甲板相当光滑。机库设在舰艉甲板下,备有1座升降机。该级舰配备蒸汽轮机混合式动力系统(CONAS),安装了2座核反应堆和4台蒸汽轮机,即使用平行运作的核动力装置以及蒸汽动力装置来驱动两副四叶螺旋桨。蒸汽轮机可以在核反应堆无法工作的时候独立出来工作,以保证基洛夫级巡洋舰不会因为失去动力而丧失机动性。

★ 基洛夫级巡洋舰艏部视角

## ● 作战性能

基洛夫级巡洋舰因为没有装备相控阵雷达,其防空能力稍逊于美国提康德罗加级巡洋舰,而且不具备对陆攻击能力。但从俄罗斯巡洋舰的作战使命考虑,基洛夫级巡洋舰的综合作战能力并不逊色。该级舰的武器包括20座P-700"花岗岩"反舰导弹发射装置、12座八联装S-300F"堡垒"防空导弹发射装置、2座五

基洛夫级巡洋舰停泊在港口中

联装533毫米鱼雷发射管、1座双联装RPK-3"暴风雪"反潜导弹发射装置、6座"卡什坦"近程防御武器系统、1座双联装AK-130舰炮、1座十联装RBU-12000火箭深弹发射装置等。此外,还能搭载3架卡-27或卡-25舰载直升机。

# No.10 苏联／俄罗斯光荣级巡洋舰

| 基本参数 | |
|---|---|
| 满载排水量 | 12500 吨 |
| 长度 | 186.4 米 |
| 宽度 | 20.8 米 |
| 吃水 | 8.4 米 |
| 最高航速 | 32 节 |

★ 光荣级巡洋舰右舷视角

光荣级巡洋舰（Slava class cruiser）是苏联建造的大型传统动力巡洋舰，一共建成了3艘，目前仍在俄罗斯海军服役。

## ● 研发历史

20世纪60年代后期，美苏冷战对抗激烈，面对美国愈发强大的水面舰艇兵力，苏联不得不改变过去片面强调发展潜艇、轻视发展大型水面舰艇的做法，开始建造航空母舰等大型水面舰艇。其中，基洛夫级巡洋舰于20世纪70年代初开始建造，其建造目的主要是为苏联当时新建

光荣级巡洋舰返回基地

的航空母舰护航,打击美国的航空母舰,并担任编队的防空和反潜任务。但由于基洛夫级巡洋舰采用核动力,满载排水量高达 28000 吨,因而建造和维护耗资巨大,难以批量建造和使用。

为了配合苏联远洋航空母舰,弥补基洛夫级巡洋舰的缺陷,苏联开始建造一型经济和缩小版的基洛夫级巡洋舰,即光荣级巡洋舰。首舰"光荣"号于 1976 年动工,1979 年下水,1982 年完工。二号舰"乌斯提诺夫元帅"号和三号舰"红色乌克兰"号分别在 1986 年和 1990 年完工。四号舰"共青团员"号预定 1993 年完工,但最终未能建成。

## ● 船体构造

光荣级巡洋舰俯视图

光荣级巡洋舰的舰体基本是从卡拉级巡洋舰演变而来。为容纳远程反舰导弹、防空导弹等,其舰体比卡拉级巡洋舰长约 14 米,宽度和吃水也略有增加。艏艉部比卡拉级巡洋舰显得外倾。光荣级巡洋舰的前部上层建筑高 5 层,其后端与封闭的锥形主桅连成一体,由水面至主桅顶高达 30 多米。舰中略靠后的烟囱呈长方形,两侧有许多散热孔,前面是大进气口。两座烟囱间有空隙,用来放置旋转吊的吊杆。露天甲板的轨道用来运送弹药、物品等。在烟囱和后部上层建筑之间有一段开阔处,设有垂直发射系统。

## ● 作战性能

光荣级巡洋舰被称为缩小型的基洛夫级巡洋舰,舰载武器在一定程度上相似。其中,8 座双联装 P-500 "玄武岩"反舰导弹发射装置是光荣级巡洋舰最重要的对舰武器,主要用于打击敌方航空母舰和其他大型作战舰只。该导弹具有射程远、飞行速度快、抗干扰强、战斗部威

光荣级巡洋舰左舷视角

力大、命中率高、毁伤能力强等特点,在无中继制导时射程为 50 千米,在有中继制导时为 550 千米,飞行速度为 1.7 ~ 2.5 马赫。

此外,光荣级巡洋舰还装有 8 座八联装 S-300PMU 防空导弹发射装置、1 座双联装 AK-130 舰炮、2 座五联装 533 毫米鱼雷发射管、6 座"卡什坦"近程防御武器系统、2 座六联装 RBU-6000 火箭深弹发射装置、2 座 OSA-M 短程防空导弹发射装置、2 座双联装 PK-2 干扰箔条发射器、8 座十联装 PK-10 干扰箔条发射器等武器。

# No.11 苏联/俄罗斯无畏级驱逐舰

| 基本参数 | |
|---|---|
| 满载排水量 | 8900 吨 |
| 长度 | 163.5 米 |
| 宽度 | 19.3 米 |
| 吃水 | 7.5 米 |
| 最高航速 | 30 节 |

★ 无畏Ⅰ级驱逐舰左舷视角

无畏级驱逐舰（Udaloy class destroyer）是苏联于20世纪70年代后期开始建造的驱逐舰，分为无畏Ⅰ级和无畏Ⅱ级两个型号。

## ● 研发历史

无畏Ⅰ级驱逐舰于20世纪70年代后期开始建造，一共建造了12艘，分别是"无畏"号、"库拉科夫海军中将"号、"瓦西列夫斯基元帅"号、"扎哈洛夫海军上将"号、"特里布茨海军上将"号、"斯皮里多夫海军上将"号、"沙波什尼科夫元帅"号、"哈巴罗夫斯克"号、"北莫尔

无畏Ⅱ级驱逐舰"恰巴年科"号

斯克"号、"维诺格多夫海军上将"号、"哈尔拉莫夫海军上将"号、"潘捷列耶夫海军上将"号。其中,"无畏"号于1980年11月入役,"潘捷列耶夫海军上将"号于1991年12月入役。无畏Ⅱ级驱逐舰于20世纪80年代末开始建造,其建造计划受苏联解体的影响较大,原计划首批建造3艘,但由于苏联解体后俄罗斯经济状况欠佳,最终只建成1艘,即"恰巴年科"号。

无畏级驱逐舰是20世纪80年代苏联海军最先进的战舰之一,也是苏联唯一的大型反潜舰。苏联解体后,无畏级驱逐舰继续在俄罗斯海军服役。截至2020年初,仍有8艘无畏Ⅰ级和1艘无畏Ⅱ级驱逐舰在役。

## ●船体构造

低速航行的无畏Ⅰ级驱逐舰

无畏级驱逐舰借鉴了西方国家的设计思想,改变了以往缺乏整体思路,临时堆砌设备的做法,使舰体外形显得整洁利索。全舰结构紧凑、布局简明,主要的防空、反潜装备集中于舰体前部,中部为电子设备,后部为直升机平台,整体感很强。舰上的重要舱室都有密闭式的防护系统,可以防止外界受污染的空气进入。无畏Ⅰ级和无畏Ⅱ级在外观上差别不是很大,最主要的区别在于武器配置。

## ●作战性能

无畏Ⅰ级驱逐舰的主要作战任务为反潜,装有2座四联装SS-N-14反潜导弹发射装置、2座四联装533毫米鱼雷发射管、2座十二联装RBU-6000反潜火箭发射装置、4座30毫米AK-630六管近防炮。此外,还具备一定的防空能力,但没有反舰能力。

无畏Ⅱ级驱逐舰艉部视角

与无畏Ⅰ级驱逐舰相比,无畏Ⅱ级驱逐舰的用途更为广泛,能执行防空、反舰、反潜和护航等多种任务,其主要武器包括1座双联装AK-130全自动高平两用炮、8座八联装SA-N-9"刀刃"导弹垂直发射系统、2座"卡什坦"近程防御武器系统、2座SS-N-22"日炙"四联装反舰导弹发射装置、2座四联装多用途鱼雷发射管、10管RBU-12000反潜火箭发射装置等。无畏Ⅰ级和无畏Ⅱ级均可搭载2架卡-27反潜直升机。

# No.12 苏联／俄罗斯现代级驱逐舰

| 基本参数 | |
|---|---|
| 满载排水量 | 8480 吨 |
| 长度 | 156.4 米 |
| 宽度 | 17.2 米 |
| 吃水 | 7.8 米 |
| 最高航速 | 32.7 节 |

★ 现代级驱逐舰左舷视角

现代级驱逐舰（Sovremenny class destroyer）是苏联于20世纪80年代建造的大型导弹驱逐舰，主要担任反舰任务。

## • 研发历史

20世纪70年代后期，苏联开始规划两种大型驱逐舰，以辅助苏联主力水面战斗群，第一种是以反潜为主要任务的无畏级驱逐舰，第二种则是用来辅助无畏级驱逐舰的现代级驱逐舰，档次稍低，以反舰与防空为主要任务。苏联解体后，俄罗斯海军延续了现代级驱逐舰的建造工作，最终建造了21

现代级驱逐舰俯视图

艘，其中俄罗斯海军装备了17艘，其他4艘出口国外。截至2020年初，仍有2艘现代级驱逐舰在俄罗斯海军服役。

现代级驱逐舰艏部视角

## • 船体构造

现代级驱逐舰的舰体采用低长宽比的设计，虽然比较不利于高速性能，但是却增加了适航性与耐波能力，较适合远洋作战。舰体由高强度钢材制造，全舰划分为16个水密隔舱。为了降低雷达散射截面积，现代级驱逐舰的上层建筑略有内倾，但全舰各式电子装备和武器布置杂乱，整体构型隐身效应较差。现代级驱逐舰采用老式蒸汽锅炉驱动蒸汽轮机，而非主流的燃气轮机，这虽然是一种逆时代的做法，但结构简单、维护成本更低的蒸汽轮机更能减轻苏联海军的负担。

## • 作战性能

现代级驱逐舰是一种侧重于反舰和防空的驱逐舰，主要搭配同时期建造的无畏级反潜驱逐舰使用。该级舰的主要武器包括2座AK-130型130毫米舰炮、2座四联装KT-190反舰导弹发射装置（发射SS-N-22"日炙"反舰导弹，最大射程可达120千米）、4座AK-630M型30毫米近防炮系统、2座3K90M-22型防空导弹发射装置（发射SA-N-7防空导弹，射程25千米）、2座双联装533毫米鱼雷发射装置、2座RBU-12000反潜火箭发射装置、8座十联装PK-10诱饵发射器和2座双联装PK-2诱饵发射器。此外，还可搭载1架卡-27反潜直升机。

现代级驱逐舰的电子设备较多，包括MR-750MA"顶板"三坐标对空搜索雷达、"音乐台"火控雷达、MR-90"前罩"火控雷达、MR-184"鸢鸣"火控雷达、"椴木槌"火控雷达、MG-335声呐等，并有多种电子对抗设备，可对敌人实施有效的电子干扰。

航行中的现代级驱逐舰

# No.13 俄罗斯戈尔什科夫级护卫舰

## 基本参数

| | |
|---|---|
| 满载排水量 | 5400 吨 |
| 长度 | 135 米 |
| 宽度 | 15 米 |
| 吃水 | 4.5 米 |
| 最高航速 | 29.5 节 |

★ 戈尔什科夫级护卫舰左舷视角

戈尔什科夫级护卫舰（Gorshkov class frigate）是俄罗斯海军最新型的导弹护卫舰，也称为22350型护卫舰，由位于圣彼得堡的北方设计局设计，并交由北方造船厂建造。

### • 研发历史

2003年7月，俄罗斯海军正式公布22350型护卫舰项目，并交由位于圣彼得堡的北方设计局负责设计工作。俄罗斯海军对22350型护卫舰十分重视，因为这种舰艇是苏联解体后俄罗斯第一种从头设计、开工建造的主力水面作战舰艇。虽然俄罗斯海军后来仍继续建造

建造中的戈尔什科夫级护卫舰

了若干大型舰艇，但完全是继续对苏联时代遗留的未成品进行施工。

俄罗斯海军计划建造 8 艘戈尔什科夫级护卫舰，首舰"戈尔什科夫"号于 2006 年 2 月在北方造船厂安放龙骨，2018 年 7 月开始服役。二号舰"卡萨托诺夫"号于 2009 年 11 月开工建造，2014 年 12 月下水，截至 2020 年初仍处于海试阶段；三号舰"戈洛夫科"号于 2012 年 2 月开工建造，预计 2021 年开始服役；四号舰"伊萨科夫"号于 2013 年 11 月开工建造，预计 2022 年开始服役；五号舰"阿梅尔科"号和六号舰"奇恰戈夫"号均于 2019 年 4 月开工建造。

航行中的戈尔什科夫级护卫舰

## ●船体构造

戈尔什科夫级护卫舰的舰体设计新颖简洁，隐身程度高。为了减少雷达反射面积，戈尔什科夫级护卫舰甲板以上的结构采用全封闭设计，舰体设计避免大的平直表面，折角线以上舰体和上层建筑明显内倾，取消了传统意义上的桅杆，采用了金字塔形封闭式桅杆，其主桅杆顶部采用了类似于钻石那样的多面体结构，各个面均为倾斜设计，并且在各面相交处采用圆角过渡。

## ●作战性能

戈尔什科夫级护卫舰的舰艏有 1 门 A-192M 型 130 毫米舰炮，舰炮后方设有 4 座八联装 3K96 防空导弹垂直发射系统，可发射 9M96、9M96D 或 9M100 等多种防空导弹。防空导弹后方是高出一层甲板的 B 炮位（舰桥前方），装有 2 座八联装 3R14 通用垂直发射系统，可发射 P-800 超音速反舰导弹、3M-54 亚/超双速反舰型导弹、3M-14 对陆攻击型导弹、91RT 超音速

★ 戈尔什科夫级护卫舰艉部视角

反潜型导弹等武器。直升机库两侧各有 1 座"佩刀"近程防御武器系统，配备 2 门 AO-18KD 型 30 毫米机炮与 8 枚 9M340E 防空导弹，有效防御距离约 4 千米，有效防御高度约 3 千米。此外，该级舰还配有 2 座四联装 330 毫米鱼雷发射器，舰艉可搭载 1 架卡-27 反潜直升机。

戈尔什科夫级护卫舰的桅杆上部整合四面固定式相控阵雷达天线，这是俄罗斯最新开发的多功能防空相控阵雷达，采用 C 波段操作，最多能同时追踪 400 个空中目标与 50 个水面目标。除了相控阵雷达之外，主桅杆顶部还有 1 部采用平板状三维阵列天线的旋转雷达。舰桥顶部有 1 个大型球状天线罩，是具备超地平线侦测能力的主/被动反舰追踪与火控雷达。此外，封闭式主桅杆前部高度一半处设有 1 部 5P-10E 整合光电/雷达火控系统，用来制导舰炮。

# No.14 英国伊丽莎白女王级航空母舰

| 基本参数 | |
|---|---|
| 满载排水量 | 65000 吨 |
| 长度 | 284 米 |
| 宽度 | 73 米 |
| 吃水 | 11 米 |
| 最高航速 | 25 节以上 |

★ 伊丽莎白女王级航空母舰左舷视角

伊丽莎白女王级航空母舰（Queen Elizabeth class aircraft carrier）是英国海军装备的大型常规动力航空母舰，一共建造了2艘。

## • 研发历史

20世纪80年代，英国从英阿马岛战争中认识到航空母舰在远洋作战中的巨大优势，决心发展新一代航空母舰。无奈受限于窘迫的财政状况，建造计划一直无法落实。英国和法国曾试图共同发展新型航空母舰，但最终未能如愿。到了21世纪初，眼见无敌级航空母舰先

伊丽莎白女王级航空母舰舰艉视角

后退役,英国终于痛下决心单独出资建造两艘大型航空母舰,即伊丽莎白女王级航空母舰。首舰"伊丽莎白女王"号(HMS Queen Elizabeth R08)于2014年7月下水,2017年12月开始服役。二号舰"威尔士亲王"号(HMS Prince of Wales R09)于2011年5月开始建造,2019年12月开始服役。

## •船体构造

伊丽莎白女王级航空母舰舯部视角

伊丽莎白女王级航空母舰的飞行甲板配有2座升降机,均位于右舷,2座升降机的载重能力为70吨级,能在60秒内将飞机从机库运送至飞行甲板。该级舰的飞行甲板总面积约13000平方米,有防滑抗热涂装,舰艏设有一个仰角13度的滑跃式甲板。滑跃式甲板为英国航空母舰一贯的设计,只占据飞行甲板前端的一半,另一半用于停放飞机。起飞跑道末端设有一个折流板,整个飞行甲板规划有6个直升机起降点。

由于预算不足,伊丽莎白女王级航空母舰的动力装置并未采用昂贵的核反应堆,而是较便宜的柴油机及发电机组。为了最大幅度地降低人力需求,伊丽莎白女王级航空母舰尽可能提高自动化程度,同时也在舰上人员的日常管理上花了许多功夫。

## •作战性能

伊丽莎白女王级航空母舰是英国有史以来建造的最大军舰,满载排水量达65000吨,几乎比无敌级航空母舰大了3倍。伊丽莎白女王级航空母舰的技术规格要求能搭载40架以上舰载机,其中至少要有36架F-35C"闪电"Ⅱ战斗机,其他舰载机有"阿帕奇"直升机、"支奴干"直升机、"灰

航行中的伊丽莎白女王级航空母舰

背隼"直升机和"野猫"直升机等。该级舰首创滑跃式甲板结合电磁弹射器的新概念,F-35C战斗机使用弹射方式升空,大幅增加了机身载重。

碍于预算拮据,伊丽莎白女王级航空母舰的自卫武器相当精简,包括3座美制Mk 15 Block 1B"密集阵"近程防御武器系统,以及4座30毫米DS30M遥控机炮。伊丽莎白女王级航空母舰配备了法国泰雷兹集团的S-1850M远程电子扫描雷达和英国宇航系统公司的997型雷达,以及2050型搜索声呐和162型海底描绘声呐等电子设备。

# No.15 英国勇敢级驱逐舰

| 基本参数 | |
|---|---|
| 满载排水量 | 9400 吨 |
| 长度 | 152.4 米 |
| 宽度 | 21.2 米 |
| 吃水 | 7.4 米 |
| 最高航速 | 30 节 |

★ 勇敢级驱逐舰快速转向

勇敢级驱逐舰（Daring class destroyer）是英国于21世纪初开始建造的新一代导弹驱逐舰，又称为45型驱逐舰。

## • 研发历史

1991年，英国与法国合作展开未来护卫舰计划，意大利也在1992年底加入这个团队。由于各国需求不一，英国最终于1999年4月退出了这一计划。此后，英国决定自行发展新一代驱逐舰，其成果就是勇敢级驱逐舰。该级舰原计划建造12艘，但由于英国

航行中的勇敢级驱逐舰

海军经费持续缩减，驱逐舰和护卫舰的规模由原本的 31 艘缩减至 25 艘，勇敢级驱逐舰也受到波及，最终建造数量降至 6 艘。

首舰"勇敢"号（D32）于 2003 年 3 月开始建造，2009 年 7 月服役。二号舰"不屈"号（D33）于 2004 年 8 月开始建造，2010 年 6 月服役。三号舰"钻石"号（D34）于 2005 年开始建造，2011 年 6 月服役。四号舰"飞龙"号（D35）于 2005 年 12 月开始建造，2012 年 4 月服役。五号舰"卫士"号（D36）于 2006 年 7 月开始建造，2013 年 3 月服役。六号舰"邓肯"号（D37）于 2007 年 1 月开始建造，2013 年 9 月服役。

## ● 船体构造

★ 勇敢级驱逐舰艏部视角

勇敢级驱逐舰采用模块化建造方式，主承包商承造舰体与次承包商制造次系统同时进行，舰体完成后，系统就直接送到造船厂装上舰体。由于采用模块化建造，不仅减少了建造时间与成本，未来进行维修、改良也十分便利。为了对抗北大西洋上恶劣的风浪，勇敢级驱逐舰的舰炮前方设有大型挡浪板。动力系统方面，勇敢级驱逐舰采用了革命性的整合式全电力推进系统（Full Electric Propulsion，FEP），包含两具劳斯莱斯 WR-21 燃气涡轮机组（分别驱动一个 21 兆瓦的交流主发电机）和两具瓦锡兰 12V200 柴油辅助发电机。

## ● 作战性能

勇敢级驱逐舰装有 2 座四联装"鱼叉"反舰导弹发射装置，用于反舰。反潜方面，依靠"山猫"直升机（1 架）、"阿斯洛克"反潜导弹和 324 毫米鱼雷。防空方面，主要依靠"席尔瓦"导弹垂直发射系统发射"阿斯特"15 型或"阿斯特"30 型防空导弹。此外，

勇敢级驱逐舰右舷视角

该级舰还安装有 1 门 114 毫米舰炮、2 门 30 毫米速射炮和 2 座 20 毫米近程防御武器系统，也可提供一定的对陆攻击、防空和反舰能力。

勇敢级驱逐舰最重要的武器就是主防空导弹系统（PAAMS），这也是许多新一代欧洲海军舰艇的重要武器。PAAMS 的雷达系统因使用国不同而异，但导弹都是由法国研发的"阿斯特"防空导弹。勇敢级驱逐舰选择的雷达是由英国宇航系统公司研发的"桑普森"主动式多功能相控阵雷达，其技术层次与性能都十分优异，但造价极为高昂。虽然勇敢级驱逐舰的排水量低于美国阿利·伯克级驱逐舰，防空导弹的搭载量也远少于后者，但勇敢级驱逐舰的总成本却比阿利·伯克级驱逐舰高出不少，"桑普森"雷达是主要原因之一。

# No.16 英国公爵级护卫舰

| 基本参数 | |
|---|---|
| 满载排水量 | 4900 吨 |
| 长度 | 133 米 |
| 宽度 | 16.1 米 |
| 吃水 | 7.3 米 |
| 最高航速 | 28 节 |

★ 公爵级护卫舰右舷视角

公爵级护卫舰（Duke class frigate）是英国于20世纪80年代研制的导弹护卫舰，也称为23型护卫舰，一共建造了16艘，从1987年服役至今。

## ● 研发历史

公爵级护卫舰最初设计用于替代利安德级护卫舰，承担深海反潜任务。随着冷战的结束，并吸取马岛战争的教训，英国海军要求公爵级护卫舰更多地承担支援联合远征作战、投送海上力量等任务，最终形成了一型反潜能力突出，并兼具防空、反舰和火力支援能力的护卫舰。该级舰一共建造了16艘，截至2020年初仍有13艘在英

★ 公爵级护卫舰艏部视角

国海军服役，其他3艘在退役后被智利海军购买。

最初英国海军只打算让公爵级护卫舰服役18年，服役期间不进行任何大规模更新翻修，但由于公爵级护卫舰的后继者——26型护卫舰一再推迟，故英国海军只好将公爵级护卫舰的役期延长为22年，并从2005年起陆续展开翻修与改良作业。英国海军剩下的13艘公爵级护卫舰预计要效力至2020年以后，才会有新一代舰艇接替，2036年左右才能全数退役。

## •船体构造

公爵级护卫舰的保护力较强，消防和通风等方面的设计比较先进，全舰分为5个独立的消防区，使用燃烧时不产生有害气体的舾装材料，指挥室和操纵室等重要区域实施了多种防护。该级舰的隐身性能也比较出色，通过各种措施将噪音、雷达反射、红外信号等大幅降低。由于大量采用自动化装置，公爵级护卫舰所需的舰员人数大大减少，因此每名士兵都拥有充分的居住面积。

★ 航行中的公爵级护卫舰

## •作战性能

公爵级护卫舰的主要武器包括：2座四联装"鱼叉"舰对舰导弹发射装置，1座三十二联装"海狼"防空导弹垂直发射装置，1门114毫米Mk 8舰炮，2门30毫米舰炮，2座双联装324毫米鱼雷发射管。

"海狼"防空导弹使用指挥至瞄准线（CLOS）方式导引，先由搜索雷达侦获目标位置，再由计算机将火控雷达对准目标并发射导弹接战。火控雷达同时追踪来袭目标与"海狼"导弹，将资料传至火控计算机计算两者的相位差，对"海狼"导弹发出航向修正的指令，指挥导弹朝着火控雷达与目标之间的瞄准线飞去，直到命中目标。

公爵级护卫舰舰部视角

公爵级护卫舰拥有多功能的普莱西996型3D中程对空/平面搜索雷达（E/F频），除用于对空、对海监视之外，还兼作舰上"海狼"防空导弹的目标导引雷达。996型雷达性能优异，在高强度噪音与电子干扰的环境中仍能精确锁定小型目标。后来996型雷达被更换为997型雷达，性能进一步提升。

# No.17 法国"夏尔·戴高乐"号航空母舰

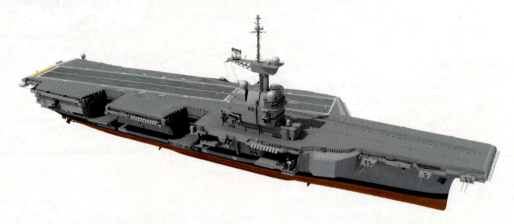

| 基本参数 | |
|---|---|
| 满载排水量 | 42500 吨 |
| 长度 | 261.5 米 |
| 宽度 | 64.36 米 |
| 吃水 | 9.4 米 |
| 最高航速 | 27 节 |

★ 航行中的"夏尔·戴高乐"号航空母舰

"夏尔·戴高乐"（Charles de Gaulle）号航空母舰是目前法国海军仅有的一艘航空母舰，也是世界上唯一非美国海军所属的核动力航空母舰，从2001年服役至今。

## ●研发历史

早在20世纪70年代中期，法国就已经开始计划建造下一代航空母舰，以取代克莱蒙梭级常规动力航空母舰，但新舰的龙骨直到1989年4月才安放。由于冷战结束和法国财政困难等原因，"夏尔·戴高乐"号航空母舰的工期一再延误，直到1994年5月时才下水。2001年5月，"夏尔·戴高乐"

"夏尔·戴高乐"号航空母舰左舷视角

号航空母舰正式服役，母港为法国土伦。

传统上法国海军会采取同时拥有两艘航空母舰的编制，以确保纵使在其中一艘进厂维修时，还有另一艘可以值勤。然而，由于"夏尔·戴高乐"号航空母舰的造价过于昂贵，法国政府并没有兴建另一艘同级舰。

## ● 船体构造

"夏尔·戴高乐"号航空母舰在设计时考虑到了隐身性能，舰体设计十分强调防护能力。该舰拥有完全符合北约标准的核生化防护能力，舰上绝大部分舱室都采用气密式结构。与美国的核动力航空母舰一样，"夏尔·戴高乐"号航空母舰也采用全通式斜角飞行甲板，而不采用欧洲航空母舰常见的滑跃式甲板设计。

"夏尔·戴高乐"号航空母舰俯视图

受限于法国船厂、船坞设施的尺寸，"夏尔·戴高乐"号航空母舰的水线长度与宽度都与克莱蒙梭级航空母舰相仿，主要是靠着飞行甲板的外扩来增加可用面积。由于吨位仅有美国同类舰只的一半，所以"夏尔·戴高乐"号航空母舰配备了2座弹射器，而美军的核动力航空母舰通常为4座。"夏尔·戴高乐"号航空母舰的纵向摇晃被控制在0.5度以内，在六级海况下仍能让25吨级舰载机起降，以20节航速、30度舵角转弯时，舰体仅倾斜1度，这种表现较美国10万吨级的尼米兹级航空母舰毫不逊色。

## ● 作战性能

"夏尔·戴高乐"号航空母舰最多能容纳40架舰载机，正常编制包括24架"阵风"M战斗机（必要时可增至30架以上）、4架E-2预警机，以及5~6架直升机（AS-365"海豚"直升机、SA 316"云雀"Ⅲ直升机、NFH-90直升机）。"夏尔·戴高乐"号航空母舰的2

"夏尔·戴高乐"号航空母舰右舷视角

座弹射器交互使用时，每30秒就可让1架舰载机起飞，并在12分钟内让20架舰载机降落。

"夏尔·戴高乐"号航空母舰只配备短程防空自卫武器，最主要的装备是由ARABEL相控阵雷达以及垂直发射"阿斯特"15短程防空导弹组成的SAAM/F防空系统。舰上共有4组八联装"席尔瓦"A-43发射模块，装填32枚"阿斯特"15导弹。除了SAAM/F防空系统外，"夏尔·戴高乐"号航空母舰还有2座六联装"萨德拉尔"短程防空导弹发射装置以及8门20毫米机炮。

# No.18 意大利"加富尔"号航空母舰

| 基本参数 | |
|---|---|
| 满载排水量 | 30000 吨 |
| 长度 | 244 米 |
| 宽度 | 39 米 |
| 吃水 | 8.7 米 |
| 最高航速 | 28 节 |

★ 航行中的"加富尔"号航空母舰

"加富尔"（Cavour）号航空母舰是意大利在21世纪建造的第一艘航空母舰，其名称是为了纪念1861年下令组建意大利海军的意大利总理加富尔。

## ● 研发历史

1998年初，意大利国防委员会批准了建造新型多用途航空母舰的计划，但由于意大利海军预算缩减，该计划被迫延后1年左右。另外，由于受到经费限制，新型航空母舰的尺寸、体积和排水量都变小了。新舰"加富尔"号于2001年开工建造，采用了分段建造的新

"加富尔"号航空母舰停泊在港口中

方法。2004年7月,"加富尔"号航空母舰在热那亚下水,时任意大利总统钱皮在下水仪式上发表了讲话。2008年3月,"加富尔"号航空母舰开始服役。目前,"加富尔"号航空母舰是意大利海军排水量最大的水面舰艇,它与地平线级驱逐舰和欧洲多任务护卫舰一起组成了颇具欧洲特色的海上远洋舰队,是意大利海军的核心和主力。

## ●船体构造

"加富尔"号航空母舰使用全通飞行甲板,采用了英国"无敌"号航空母舰的滑跃式跑道设计。其飞行甲板长220米、宽34米,起飞航道长度180米、宽14米,斜坡甲板倾斜度为12度,有1个合成孔径雷达平台突出在外。该舰的环境非常舒适,能为舰上每位人员提供高品质的住宿条件和高品质的服务。

"加富尔"号航空母舰左舷视角

高级船员和军官使用单人间或双人间,中士以下使用四人间,公用区仅用于海军陆战队队员。

## ●作战性能

"加富尔"号航空母舰拥有完善的探测与作战系统,兼具轻型航空母舰与两栖运输舰的功能。该舰的舰载机停放区位于跑道旁边,可停放12架舰载直升机(EH-101)或8架固定翼舰载机(AV-8B攻击机或F-35战斗机)。甲板上有6个直升机起降区,可以起降中型直升机。"加富尔"号航空母舰的自卫武器为4座八联装A-43"席尔瓦"导弹发射装置(发射"阿斯特"15防空导弹)、2门76毫米超高速舰炮和3门25毫米防空炮。

"加富尔"号航空母舰拥有完善的先进探测与作战系统,由阿莱尼亚·马可尼公司负责整合。该舰配备了RAN-40L长程对空搜索阵列雷达、SPY-790多功能相控阵雷达、RAN-30X监视雷达、敌我识别器与导航雷达等电子设备。其中,RAN-40L雷达使用先进的有源阵列收发元件技术,全固态电子元件,最大搜索距离400千米,最小搜索距离180米,最大搜索高度为30千米。

"加富尔"号航空母舰艉部视角

# No.19 法国/意大利地平线级驱逐舰

| 基本参数（法国版） | |
|---|---|
| 满载排水量 | 7050 吨 |
| 长度 | 151.6 米 |
| 宽度 | 20.3 米 |
| 吃水 | 4.8 米 |
| 最高航速 | 29 节 |

★ 地平线级驱逐舰法国版左舷视角

地平线级驱逐舰（Horizon class destroyer）是法国和意大利联合设计建造的防空型驱逐舰，一共建造了4艘，两国海军各装备2艘。

## • 研发历史

1992年，英国、法国和意大利在NFR-90北约巡防舰计划失败后发表联合声明，表示将继续合作造舰，由此催生了"地平线"计划和主防空导弹系统研发案。1999年，英国因需求不同而撤出计划，但法国和意大利在"地平线"计划上有较多的共同点，因此并没有放

地平线级驱逐舰意大利版右舷视角

弃这个项目。

为了能让"地平线"计划顺利进行，法国和意大利在2000年10月联合组建新公司，专门负责"地平线"计划的开发。之后，法国、意大利两国政府签署了关于修改"地平线"计划的谅解备忘录，首批为两国海军分别建造2艘。法国海军的"福尔班"号（D620）和"骑士保罗"号（D621）分别于2008年12月和2009年6月开始服役，意大利海军的"安多利亚·多利亚"号（D553）和"卡欧·迪里奥"号（D554）分别于2007年12月和2009年4月开始服役。

## ● 船体构造

地平线级驱逐舰有着浓郁的法国特色，舰上采用的海军战术情报处理系统、近程防御系统等是法国自主研制。基本型的法国地平线级驱逐舰的满载排水量为7050吨，意大利版为6700吨。舰长均为151.6米。法国版的舰宽为20.3米，意大利版为17.5米。法国版的吃水深度为4.8米，意大利版为5.1米。

地平线级驱逐舰意大利版艏部视角

## ● 作战性能

地平线级驱逐舰装备的主防空导弹系统由欧洲多功能相控阵雷达（EMPAR）、"席尔瓦"垂直发射系统以及"阿斯特"导弹组成。在反舰方面，法国版选用"飞鱼"MM40导弹，意大利版选用"奥托马特"Mk 3导弹。在反潜方面，地平线级驱逐舰拥有2座三联装鱼雷发射装置，能够发射MU-90型324毫米轻型鱼雷。法国版装有2门奥托·梅莱拉76毫米速射炮（射速120发/分，配备隐身炮塔）和2门吉亚特20毫米舰炮，意大利版则采用3门奥托·梅莱拉76毫米速射炮和2门25毫米自动炮。此外，两种版本均可搭载2架NH-90直升机。

除了主要的EMPAR防空火控雷达之外，地平线级驱逐舰还配备了一部S-1850M长程电子扫描预警雷达作为EMPAR的辅助。电子战方面，地平线级驱逐舰配备电子对抗/支援、通信干扰系统以及两具萨基姆公司开发的新世代诱饵发射系统（New Generation Decoy System, NGDS）。

地平线级驱逐舰法国版右舷视角

# No.20 法国/意大利欧洲多用途护卫舰

| 基本参数（法国版） | |
|---|---|
| 满载排水量 | 6000 吨 |
| 长度 | 142 米 |
| 宽度 | 20 米 |
| 吃水 | 7.6 米 |
| 最高航速 | 27 节 |

★ 法国版首舰"阿基坦"号驱逐舰

欧洲多用途护卫舰（Frégate Européenne Multi-Mission，FREMM）是法国和意大利联合研制的新一代多用途护卫舰，不仅装备了法国海军和意大利海军，还出口到埃及和摩洛哥等国家。

● 研发历史

FREMM 是法国与意大利继地平线级驱逐舰之后再次合作研发的新一代护卫舰，主要用于替换两国海军中老化的舰艇，包括法国乔治·莱格级驱逐舰和意大利西北风级护卫舰等。法国海军原计划建造 17 艘，其中 9 艘为对陆攻击型，8 艘为反潜型。之后，为了节省财

意大利版首舰"卡洛·贝尔加米尼"号驱逐舰

政支出，法国海军取消了9艘建造计划。意大利海军计划建造10艘，包括6艘通用型和4艘反潜型。此外，埃及和摩洛哥各进口了1艘。

法国版以其首舰"阿基坦"号驱逐舰也称之为阿基坦级驱逐舰，意大利版以其首舰"卡洛·贝尔加米尼"号驱逐舰也称之为卡洛·贝尔加米尼级驱逐舰。阿基坦是法国西南部的一个大区，西邻大西洋，南接西班牙。"卡洛·贝尔加米尼"号则得名于意大利海军上将卡洛·贝尔加米尼（1888年10月24日~1943年9月9日）。

法国版首舰"阿基坦"号驱逐舰俯视图

## ●船体构造

FREMM的设计注重隐身能力，其中又以法国版的隐身外形较为前卫，上层结构与塔状桅杆采用倾斜设计（7度~11度）并避免直角，舰面力求简洁，各种甲板装备尽量隐藏于舰体内，封闭式的上层结构与船舷融为一体，舰体外部涂有雷达吸收涂料。意大利版的外形则比较接近地平线级驱逐舰。

FREMM所有外部装备和上层甲板建筑都经过隐蔽设计处理或尽量低矮，高大平整的中央上层建筑舰桥顶部装有短小的圆柱状主桅，低矮的烟囱紧靠整体式金字塔形桅杆，顶部装有柱状桅杆。反舰导弹箱式发射装置装于前后上层建筑之间，短小的金字塔形桅杆位于上层建筑前缘，对空搜索雷达装于其顶部。

## ●作战性能

主炮方面，法国版配备1门奥托·梅莱拉76毫米舰炮的超快速型，射速达120发/分，日后可能换装威力射程更大的127毫米主炮。而意大利版反潜型则配备了2门奥托·梅莱拉76毫米舰炮。小口径武器方面，法国版配备3门20毫米机炮，意大利版则配备2门25毫米机炮。FREMM最主要的武器投送系统是法制"席尔瓦"垂直发射系统，不同的FREMM衍生型依照任务来配置"席尔瓦"垂直发射系统的形式与数量，FREMM舰艏B炮位的空间足以容纳4座八联装"席尔瓦"垂直发射系统。

★ 意大利版首舰"卡洛·贝尔加米尼"号驱逐舰舰部视角

反舰导弹方面，法国版配备2座四联装"飞鱼"MM40反舰导弹发射系统，意大利版则配备4座双联装"泰塞奥"Mk 2/A导弹发射系统。反潜方面，意大利两种FREMM以及法国版反潜型都配备2座三联装324毫米鱼雷发射装置。舰载机方面，法国版只配备1架NH-90直升机，意大利版则配备2架NH-90直升机。

# No.21 德国萨克森级护卫舰

| 基本参数 | |
|---|---|
| 满载排水量 | 5800 吨 |
| 长度 | 143 米 |
| 宽度 | 17.4 米 |
| 吃水 | 6 米 |
| 最高航速 | 29 节 |

★ 航行中的萨克森级护卫舰

萨克森级护卫舰（Sachsen class frigate）是德国于1999年开始建造的导弹护卫舰，又称为F124型护卫舰。

## ● 研发历史

萨克森级护卫舰被德国海军用来替换20世纪60年代从美国购买的3艘吕特晏斯级驱逐舰。该级舰原计划建造4艘，有1艘取消建造。首舰"萨克森"号（F219）在1996年3月14日签订建造合同，2002年10月交付，2003年12月正式服役。二号舰"汉堡"号（F220）于2000年9月开

萨克森级护卫舰右舷视角

工，2002年8月下水，2004年12月开始服役。三号舰"黑森"号（F221）于2001年12月开工，2003年7月下水，2006年4月开始服役。截至2020年初，萨克森级护卫舰仍全部在役。

## ●船体构造

萨克森级护卫舰的舰体发展自勃兰登堡级护卫舰，两者的基本设计极为类似，但萨克森级护卫舰的舰体长度拉长，最重要的是引进各种隐身设计，外形修改得更为简洁且刻意做出倾斜造型，舰体大量使用隐身材料与涂料。萨克森级护卫舰的上层结构与舰体都以钢材制造，

萨克森级护卫舰左舷视角

舰身分为6个双层水密隔舱，之间则为单层水密隔舱。萨克森级护卫舰在六级海况下仍能执行作战任务，在八级海况下仍可航行，摇晃与起伏比同吨位的舰艇小很多。该级舰有先进的整合损害管制监控网络，具有在核生化环境下运作的能力。

## ●作战性能

萨克森级护卫舰是德国海军目前排水量最大的水面舰艇，采用了模块化设计。由于装备了性能一流的主动有源相控阵雷达（APAR），萨克森级护卫舰的防空作战性能尤其突出。该级舰的主要武器包括：1门76毫米舰炮、2门27毫米舰炮、4座八联装Mk 41垂直发射装

萨克森级护卫舰发射"海麻雀"导弹

置（发射"海麻雀"导弹或"标准"导弹）、2座四联装"鱼叉"反舰导弹发射装置、2座RIM-116B"拉姆"舰对空导弹发射装置、2座三联装MU90鱼雷发射管。此外，该级舰还可搭载2架NH-90直升机。

# No.22 日本爱宕级驱逐舰

| 基本参数 | |
|---|---|
| 满载排水量 | 10000 吨 |
| 长度 | 165 米 |
| 宽度 | 21 米 |
| 吃水 | 6.2 米 |
| 最高航速 | 30 节 |

★ 航行中的爱宕级驱逐舰

爱宕级驱逐舰（Atago class destroyer）是日本设计建造的重型防空导弹驱逐舰，也是日本海上自卫队现役最新型的"宙斯盾"驱逐舰。

## • 研发历史

20世纪90年代末期，日本对海上自卫队提出了海上弹道导弹防御的需求。此外，设计于70年代的3艘太刀风级驱逐舰性能逐渐落伍，难以满足舰队防空作战要求。因此，日本决定在现役金刚级驱逐舰的基础上发展一型拥有强大区域防空能力和一定拦截弹道导弹能力的新型"宙斯盾"驱逐舰。2000年12月，日

★ 爱宕级驱逐舰右舷视角

本防卫厅发表的《新中期防卫力量整备计划》中正式批准建造2艘新型"宙斯盾"驱逐舰，即爱宕级驱逐舰。该级舰一共建造了2艘，首舰"爱宕"号（DDG-177）于2004年4月5日开工，2007年3月15日服役。二号舰"足柄"号（DDG-178）于2005年4月6日开工，2008年3月13日服役。

## • 船体构造

爱宕级驱逐舰俯视图

爱宕级驱逐舰在金刚级驱逐舰的基础上将舰体拉长了4米，并增加了附有机库的尾楼结构，这使它成为日本海上自卫队第一种具备完整直升机驻舰能力的防空驱逐舰。该级舰的舰型增加了内部空间，利于舰的内部总体布置，并可以大大减轻舰体的横摇和纵摇，增强舰艇在高速航行时的稳定性，从而使军舰具有更好的适航性、稳定性和机动性。为了增强防护和生存力，舰身和上层建筑全部采用钢制结构，重要系统均经过抗冲击加固，特别是暴露在主舰体之外的战斗部位，都使用了高碳镍铬钼钢，具有很强的抗冲击性。

## • 作战性能

爱宕级驱逐舰艏部视角

爱宕级驱逐舰的主要武器包括：2座Mk 41导弹垂直发射系统、2座"密集阵"近程防御武器系统、2座三联装324毫米HOS-302型旋转式鱼雷发射管、2座四联装90式反舰导弹发射装置、1门采用隐身设计的Mk 45 Mod 4型127毫米全自动舰炮、4挺12.7毫米机枪，以及4座六管130毫米Mk 36型箔条诱饵发射装置。爱宕级驱逐舰在舰艉增设了直升机库，搭载1架SH-60K反潜直升机，并在机库内设有防空导弹和反潜武器库，比金刚级驱逐舰在直升机的运用上更具有灵活性。

爱宕级驱逐舰的主要对海探测设备为桅杆前方的OPS-28D型G/H波段对海搜索雷达，最大探测距离100千米。火控雷达包括1部日本国产FCS-2-21A（MK-2-21A）火控雷达（用于控制127毫米炮，并可用于控制"密集阵"近程防御武器系统射击水面目标）和3部美制AN/SPG-62火控雷达（为"标准"Ⅱ导弹提供末端照射）。爱宕级驱逐舰的主要电子战系统为NOLQ-2综合电子战系统，除具有电子侦察功能外，还具有转发式干扰、应答式假目标干扰、噪音干扰和箔条干扰功能，能够实施有源干扰和无源干扰，因此具有完善的电子侦察和电子对抗能力。

# No.23 日本秋月级驱逐舰

| 基本参数 | |
|---|---|
| 满载排水量 | 6800 吨 |
| 长度 | 150.5 米 |
| 宽度 | 18.3 米 |
| 吃水 | 5.3 米 |
| 最高航速 | 30 节 |

★ 秋月级驱逐舰右舷视角

秋月级驱逐舰（Akizuki class destroyer）是日本于21世纪初设计建造的多用途驱逐舰，也是日本海上自卫队最新的驱逐舰级。

## • 研发历史

20世纪90年代起，日本海上自卫队陆续以村雨级驱逐舰和后续的高波级驱逐舰，取代80年代服役的初雪级驱逐舰和朝雾级驱逐舰。海上自卫队原本打算建造9艘村雨级与11艘高波级，一比一全面替换初雪级与朝雾级，但由于预算有限，最后只建造了9艘村雨级与

秋月级驱逐舰俯视图

5艘高波级。为了填补这一空缺，海上自卫队又建造了2艘爱宕级驱逐舰和4艘秋月级驱逐舰。

秋月级驱逐舰的首舰"秋月"号（DD-115）于2012年3月开始服役，二号舰"照月"号（DD-116）于2013年3月开始服役，三号舰"凉月"号（DD-117）和四号舰"冬月"号（DD-118）均于2014年3月开始服役。

## •船体构造

由于秋月级驱逐舰装备了FCS-3A多功能雷达，并且采用隐身桅杆，外形较以往的驱逐舰有较大改观，但舰体本身是在高波级驱逐舰的基础上设计的，基本上沿用了高波级的配置，并没有大的变化。舰体长度与高波级相同，但舰体宽度有所增加。

秋月级驱逐舰左舷视角

由于加装雷达天线，秋月级驱逐舰的上层建筑比高波级驱逐舰高出一层，舰桥结构也有所增大。为减小风压侧面积，将舰桥缩短了2米。为了降低雷达反射面积，采用了爱宕级驱逐舰的舰楼设计，机库面积比高波级更大，机库门尺寸也相应扩大，足可以容纳一架MCH-101扫雷／运输直升机。舷梯和三联装鱼雷发射装置全部隐蔽在舷侧内，并设计了遮蔽舷门。

## •作战性能

秋月级驱逐舰大幅提升了防空能力，除了以往多用途驱逐舰的自保能力外，还可攻击横越舰队的空中目标，可将防空掩护范围扩大到整个护卫群，甚至支援正在对付弹道导弹的"宙斯盾"驱逐舰。秋月级驱逐舰的主要武器包括：1门127毫米Mk 45舰炮，2座四联装90

秋月级驱逐舰艉部视角

式反舰导弹发射装置，4座八联装Mk 41垂直发射系统（发射"海麻雀"防空导弹和"阿斯洛克"反潜导弹），2座三联装97式324毫米鱼雷发射管（发射Mk 46鱼雷或97式鱼雷），2座"密集阵"近程防御武器系统，4座六管Mk 36 SBROC干扰箔条发射装置。此外，该级舰还可搭载2架SH-60K反潜直升机。

秋月级驱逐舰舰桥的前、后部结构的外墙分别装有2组FCS-3A多功能雷达天线，具备同时搜索、跟踪多个目标，并引导舰空导弹的功能。塔形桅杆上装有多种传感器和通信天线，桅杆中部平台上有导航雷达（OPS-20C），下面的白色天线罩内的是QQR-1C-2直升机数据链天线。OPS-20C由主、辅两套天线构成，中部平台上的为主天线，右下方为辅助天线，可进行360度搜索。

# No.24 韩国世宗大王级驱逐舰

| 基本参数 ||
| --- | --- |
| 满载排水量 | 7200 吨 |
| 长度 | 165.9 米 |
| 宽度 | 21 米 |
| 吃水 | 6.25 米 |
| 最高航速 | 30 节 |

★ 世宗大王级驱逐舰右舷视角

世宗大王级驱逐舰（Sejong the Great class destroyer）是韩国自行设计建造的第三种驱逐舰，配备了"宙斯盾"作战系统，韩国也因此成为继美国、日本、澳大利亚、西班牙、挪威之后，世界上第六个拥有"宙斯盾"战舰的国家。

## ●研发历史

世宗大王级驱逐舰是韩国驱逐舰实验计划的第三阶段研制的新型驱逐舰，由现代重工集团和大宇集团建造。该级舰安装了"宙斯盾"作战系统，整合了AN/SPY-1D相控阵雷达，具备较强的防空作战能力。

世宗大王级驱逐舰首批建造了3艘，首舰"世

世宗大王级驱逐舰俯视图

宗大王"号（DDG-991）于2008年12月服役，二号舰"栗谷李珥"号（DDG-992）于2010年8月服役，三号舰"西厓柳成龙"号（DDG-993）于2012年8月服役。2013年，韩国国会决定增建3艘世宗大王级驱逐舰。截至2020年初，世宗大王级驱逐舰有3艘在役。

## ● 船体构造

世宗大王级驱逐舰的基本构型大致沿用自美国阿利·伯克级驱逐舰ⅡA构型，两者外观极为相似。不过，由于不需要大量建造和定位比较高端，世宗大王级驱逐舰不用严格控制成本，在设计上允许更大的舰体与更多的装备。

世宗大王级驱逐舰比较注重隐身性能，采用长艏楼高平甲板、高干舷、方尾、大飞剪型舰艏、小长宽比设计，舰体后部设有双直升机机库。舰艉的舷墙和防浪板延伸到主

★ 航行中的世宗大王级驱逐舰

炮后面的垂直发射装置。舰艏呈前倾，横向剖面为深Ⅴ形，舰体较宽并外飘，边角采用圆弧过渡。为降低雷达反射信号强度，世宗大王级驱逐舰的上层建筑侧壁呈一定角度（7度~10度）内倾。

## ● 作战性能

世宗大王级驱逐舰装有1门Mk 45 Mod 4型127毫米舰炮、1座"拉姆"近程防空导弹系统、1座"守门员"近程防御武器系统、10座八联装Mk 41垂直发射系统、6座八联装K-VLS垂直发射系统、4座四联装SSM-700K"海星"反舰导弹发射装置、2座三联装324毫米"青鲨"鱼雷发射管。此外，该级舰还可搭载2架"超山猫"反潜直升机。

世宗大王级驱逐舰装有SPY-11D相控阵雷达和SPS-95K导航雷达，电子战设备为SLQ-200（V）5K综合电子战系统，其中包括4~6座MK-2干扰弹发射装置，可对来袭导弹进行干扰。此外，还可收放SLQ-261K型拖曳式鱼雷诱饵。该级舰的电子设备还有利顿公司的KNDS Link-11/16号海军战术数据链和美制协同作战系统（CEC）等。

世宗大王级驱逐舰在近海航行

# No.25 印度加尔各答级驱逐舰

| 基本参数 | |
|---|---|
| 满载排水量 | 7000 吨 |
| 长度 | 163 米 |
| 宽度 | 17.4 米 |
| 吃水 | 6.5 米 |
| 最高航速 | 32 节 |

★ 加尔各答级驱逐舰艏部视角

加尔各答级驱逐舰（Kolkata class destroyer）是印度海军于21世纪初开始建造的驱逐舰，一共建造了3艘。

## • 研发历史

继德里级驱逐舰后，印度在1996年展开后续的Project 15A驱逐舰计划，由马扎冈造船厂负责研发，基本上是德里级驱逐舰的改良版。最初Project 15A命名为班加罗尔级，后来则改称为加尔各答级。与印度许多国产装备一样，加尔各答级驱逐舰从设计到服役历时20年之久。首舰"加尔各答"号（D63）于2003年3月12日开工，建造期间又经历大量修改设计，直到2014年8月才开始服役。二号舰"科钦"号（D64）于2015年9月开始服役，三号舰"金奈"号（D65）于2016年11月开始服役。

航行中的加尔各答级驱逐舰

## ● 船体构造

加尔各答级驱逐舰基本上是印度海军前一代德里级驱逐舰的改良版,主要改进项目是强化舰体隐身设计以及武器装备,满载排水量也增至 7000 吨。舰体布局沿用德里级的基本设计,舰体采用折线过渡,舰艏武器区布置与德里级相同。不过,加尔各答级的舰体设计相较于德里级简练许多,没有了德里级复杂的上层结构与各式电子装备天线。

加尔各答级驱逐舰俯视图

## ● 作战性能

加尔各答级驱逐舰采用当今世界流行的相控阵雷达搭配导弹垂直发射系统组成的高性能防空作战系统设计,其舰载武器主要包括:4 座八联装防空导弹垂直发射系统(装填 48 枚"巴拉克"8 防空导弹),2 座八联装 3S14E 垂直发射系统(装填 16 枚"布拉莫斯"超音速反舰导弹),2 座十二联装 RBU-6000 反潜火箭发射器,2 座四联装 533 毫米鱼雷发射管,4 门六管 30 毫米 AK-630 机炮。此外,还能搭载 2 架卡 -28PL 或 HAL 反潜直升机。

加尔各答级驱逐舰配备先进整合平台管理系统(Integrated Platform Management System,IPMS),该系统由加拿大 CAE 公司提供。舰上乘员只需通过位于舰桥与控制室的显控台,便可自动操作航行、推进、发电、辅助机械与损害管制等机能。该级舰的作战中枢是印度国防部直营的巴拉特电子有限公司开发的模块化电子指挥/管制应用系统(Electronic Modular Command & Control Applications,EMCCA),通过异步传输机制(ATM)的舰内高速区域网络,与舰上所有侦测、武器、通信系统整合。

加尔各答级驱逐舰右舷视角

# No.26 印度什瓦里克级护卫舰

| 基本参数 | |
|---|---|
| 满载排水量 | 6200 吨 |
| 长度 | 142.5 米 |
| 宽度 | 16.9 米 |
| 吃水 | 4.5 米 |
| 最高航速 | 32 节 |

★ 什瓦里克级护卫舰右舷视角

什瓦里克级护卫舰（Shivalik class frigate）是印度设计建造的大型多用途护卫舰，一共建造了3艘。

## ● 研发历史

为了替换20世纪70年代陆续服役的5艘尼尔吉里级护卫舰（英国授权印度建造的12型护卫舰），印度一方面在1997年向俄罗斯采购3艘塔尔瓦级护卫舰，另一方面也在规划新的造舰计划，即什瓦里克级护卫舰。印度国会在1997年批准首批3艘什瓦里克级护卫舰的建

什瓦里克级护卫舰俯视图

造计划，1998年2月将需求意向书交给马扎冈造船厂，合约总金额约17亿美元。

首舰"什瓦里克"号（F47）于2001年7月安放龙骨，2003年4月下水，2009年2月开始海试，2010年4月正式服役。二号舰"萨特普拉"号（F48）于2002年10月安放龙骨，2004年6月下水，2011年8月服役。三号舰"萨雅德里"号（F49）于2003年9月安放龙骨，2005年5月下水，2012年7月服役。

## ●船体构造

什瓦里克级护卫舰的基本设计源于塔尔瓦级护卫舰，两者的舰体构型与布局十分相似，但什瓦里克级护卫舰的尺寸比塔尔瓦级护卫舰增加不少，满载排水量高达6200吨，已经达到驱逐舰的水平。什瓦里克级护卫舰的上层结构造型比塔尔瓦级护卫舰更加简洁，开放式舰艉被改为封闭式，舰载小艇隐藏于舰体中段的舱门内，此外也换用隐身性更高的塔式桅杆与烟囱结构。

什瓦里克级护卫舰艏部视角

什瓦里克级护卫舰以复合燃气涡轮与柴油机（CODAG）取代了塔尔瓦级护卫舰的复合燃气涡轮或燃气涡轮（COGOG），在巡航时以较省油的柴油机驱动，高速时改用燃气涡轮提供动力，故拥有较佳的燃油消耗表现。

## ●作战性能

什瓦里克级护卫舰就整体性能而言有许多先进之处，不过也有部分设计略显过时，最主要的就是没有采用垂直发射的防空导弹系统，仍以20世纪80年代的单臂防空导弹发射装置发射中远程防空导弹。

什瓦里克级护卫舰的多数舰载武器系统与塔尔瓦级护卫舰相同，主要区别在于舰炮与近程防御武器系统。什瓦里克级护卫舰舍弃了俄制A-190E型100毫米舰炮，改为意大利奥托·梅莱拉76毫米舰炮的超快速型，射速高达120发/分。什瓦里克级护卫舰也没有沿用塔尔瓦级护卫舰的俄制"卡什坦"近程防御武器系统，而是采用印度与以色列整合开发的弹炮合一防空系统，由2座AK-630型30毫米防空机炮与三十二管"巴拉克"短程防空导弹发射装置组成。舰载直升机方面，什瓦里克级护卫舰的机库结构经过扩大，能容纳2架反潜直升机，比塔尔瓦级护卫舰多1架。

什瓦里克级护卫舰艉部视角

# No.27 西班牙阿尔瓦罗·巴赞级护卫舰

| 基本参数 | |
|---|---|
| 满载排水量 | 5800 吨 |
| 长度 | 146.7 米 |
| 宽度 | 18.6 米 |
| 吃水 | 4.8 米 |
| 最高航速 | 29 节 |

★ 阿尔瓦罗·巴赞级护卫舰右舷视角

阿尔瓦罗·巴赞级护卫舰（Álvaro de Bazán class frigate）是西班牙研制的"宙斯盾"护卫舰，又称F-100型护卫舰。

## ● 研发历史

20世纪90年代，美国为了抢占军火份额，宣布向北约国家出口其最先进的舰载"宙斯盾"作战系统。西班牙于1995年6月决定退出与荷兰、德国合作的三国护卫舰计划，转而采用美制"宙斯盾"作战系统。于是，西班牙成为继日本之后第二个获得美国"宙斯盾"作

阿尔瓦罗·巴赞级护卫舰左舷视角

战系统的国家。阿尔瓦罗·巴赞级护卫舰一共建造了5艘,分别是"阿尔瓦罗·巴赞"号(F-101)、"胡安·德博尔冯"号(F-102)、"布拉斯·莱索"号(F-103)、"门德斯·努涅斯"号(F-104)和"克里斯托弗·哥伦布"号(F-105)。其中,"阿尔瓦罗·巴赞"号于2002年开始服役,"克里斯托弗·哥伦布"号于2012年开始服役。

## ● 船体构造

阿尔瓦罗·巴赞级护卫舰采用模块化设计,全舰由27个模块组成。甲板为四层,从上到下依次为主甲板、第二层甲板、第一层甲板和压载舱。为了增强防火能力,舰体被主舱壁隔离成多个垂直的防火区,防火区之间的间隔少于40米。为保证抗沉性,舰上还具有13个横向防水舱壁。

阿尔瓦罗·巴赞级护卫舰俯视图

## ● 作战性能

阿尔瓦罗·巴赞级护卫舰的单舰防空能力较强,具有区域性对空防御以及反弹道导弹的侦测能力。该级舰的主要武器包括:1座四十八联装Mk 41垂直发射系统,发射"标准"导弹或改进型"海麻雀"导弹;1门127毫米Mk 45 Mod 2舰炮,用于防空、反舰;2座四联装"鱼叉"反舰导弹发射装置,用于反舰;2座双联装Mk 32鱼雷发射装置,发射Mk 46 Mod 5轻型鱼雷;2门20毫米机炮。

阿尔瓦罗·巴赞级护卫舰采用与阿利·伯克级驱逐舰相同的AN/SPY-1D相控阵雷达,但是只有2部AN/SPG-62照射雷达,故同步对空接战量(一次接战9~10个目标)不如后者(同时接战16~18个目标)。由于阿尔瓦罗·巴赞级护卫舰的吨位较小,所以AN/SPY-1D雷达的安装方式有所变动。该级舰的"宙斯盾"作战系统除了美国原装的相关装备外,还整合了许多西班牙选择的系统,包括美国雷神公司的DE-1160LF舰艏声呐、西班牙国产的复合式雷达/光电舰炮火控系统(DORNA)、DLT-309反潜火控系统、西班牙自制的电子战装备等。

航行中的阿尔瓦罗·巴赞级护卫舰

# No.28 澳大利亚霍巴特级驱逐舰

| 基本参数 | |
|---|---|
| 满载排水量 | 7000 吨 |
| 长度 | 147.2 米 |
| 宽度 | 18.6 米 |
| 吃水 | 5.17 米 |
| 最高航速 | 28 节 |

霍巴特级驱逐舰（Hobart class destroyer）是澳大利亚海军准备搭载"宙斯盾"作战系统的防空驱逐舰，也是澳大利亚海军成立以来所拥有的最大吨位的驱逐舰。

## ●研发历史

霍巴特级驱逐舰是美制"宙斯盾"舰艇家族的最新成员，由西班牙阿尔瓦罗·巴赞级护卫舰改进而来。该级舰共有3艘，首舰"霍巴特"号（DDG-39）于2017年9月开始服役，二号舰"布里斯班"号（DDG-41）于2018年10月开始服役，三号舰"悉尼"号（DDG-42）于2020年5月18日开始服役。

## ●船体构造

霍巴特级驱逐舰的舰体设计以阿尔瓦罗·巴赞级四号舰"克里斯托弗·哥伦布"号为基础，根据澳大利亚海军的需求进行各项变更与改进，例如物资储存系统、舰艇推进器、航行补给装置、烟囱顶部外形、空调能力等方面都有所改进。

## ●作战性能

霍巴特级驱逐舰的舰艏装有1门Mk 45 Mod 4型127毫米舰炮，舰炮后方为48管Mk 41垂直发射装置，可装填美制"标准"Ⅱ防空导弹与改进型"海麻雀"防空导弹。舰上还装有2座四联装"鱼叉"反舰导弹发射装置、2座双联装Mk 32 Mod 9型324毫米鱼雷发射管、1座"密集阵"近程防御武器系统、2座Mk 25"台风"25毫米遥控武器站等。

# 第 3 章
# 潜艇

潜艇是能够在水下运行和作战的舰艇。它是公认的战略性武器,其研发需要高度和全面的工业能力,目前只有少数国家能够自行设计和生产。特别是弹道导弹核潜艇更是核三位一体的关键一极。

# No.29 美国洛杉矶级攻击型核潜艇

| 基本参数 | |
|---|---|
| 潜航排水量 | 6927 吨 |
| 长度 | 110.3 米 |
| 宽度 | 10 米 |
| 吃水 | 9.9 米 |
| 潜航速度 | 32 节 |

★ 洛杉矶级潜艇浮出水面

　　洛杉矶级潜艇（Los Angeles class submarine）是美国于20世纪70年代初开始建造的攻击型核潜艇。它是世界上建造数量最多的一级核潜艇，不仅火力强大，还具有完善的电子对抗设备和声呐设备。

## • 研发历史

　　20世纪60年代中期，苏联研制出维克托级攻击型核潜艇。与此同时，美国也开始发展新型核潜艇。1964年，美国开始研究SSN-688级高速核潜艇，最终定名为洛杉矶级潜艇。该级艇一共建造了62艘，其中Ⅰ批次有31艘（舷号为SSN-688～SSN-718），

洛杉矶级潜艇在北极海域

Ⅱ批次有31艘（舷号为SSN-719～SSN-725、SSN-750～SSN-773）。首艇"洛杉矶"号（SSN-688）于1972年2月开工，1976年11月开始服役。截至2020年初，仍有32艘洛杉矶级潜艇在美国海军服役。

## ●船体构造

洛杉矶级潜艇很好地处理了高速与安静的关系，使最大航速在降低噪音的基础上达到最佳。Ⅰ批次的耐压艇体全部采用HY-80型钢材。Ⅱ批次中"奥尔巴尼"号（SSN-753）和"托皮卡"号（SSN-754）的部分耐压艇体采用HY-100型钢材，主要是为后续的海狼级潜艇采用HY-100型钢材积累经验，而Ⅱ批次的其余潜艇仍采用HY-80型钢材。从"圣胡安"号（SSN-751）开始加装消音瓦，并用艏水平舵代替了围壳舵，在冰区上浮时还可自由伸缩。

洛杉矶级潜艇艉部视角

## ●作战性能

洛杉矶级潜艇在舰体中部设有4座533毫米鱼雷发射管，可发射"鱼叉"反舰导弹、"萨布洛克"反潜导弹、"战斧"巡航导弹以及传统的线导鱼雷等。从"普罗维登斯"号（SSN-719）开始的后31艘潜艇又加装了1座十二联装导弹垂直发射装置，可在不减少其他武器数量的情况下，增载12枚"战斧"巡航导弹。此外，该级艇还具备布设Mk 67触发水雷和Mk 60"捕手"水雷的能力。

洛杉矶级潜艇在希腊索达湾

# No.30 美国海狼级攻击型核潜艇

| 基本参数 | |
|---|---|
| 潜航排水量 | 9142 吨 |
| 长度 | 107.6 米 |
| 宽度 | 12.2 米 |
| 吃水 | 10.7 米 |
| 潜航速度 | 35 节 |

★ 海狼级潜艇浮出水面

海狼级潜艇（Seawolf class submarine）是美国于 20 世纪 80 年代研制的攻击型核潜艇，静音性能较佳。

## •研发历史

海狼级潜艇是依据冷战末期美国海军"前进战略"的需求而设计的，其目的是建造一种在 21 世纪初期能在各大洋（包括北冰洋）对抗任何苏联现有与未来核潜艇，并取得制海权的攻击型核潜艇。美国海军计划将其前进部署于靠近苏联的海域遂行作战，并且格外强调武器装载量、持续作战能力与静音能力，以便增

海狼级潜艇俯视图

加在苏联势力范围内的存活概率以及胜算,并延长在这种目标极多的海域内作业的时间,减少为了补充弹药物资而穿越苏联海上防线的次数。该计划被称为 21 世纪攻击型核潜艇(SSN-21),产物就是海狼级。

美国海军原本预计建造 29 艘海狼级潜艇以取代早期型洛杉矶级潜艇,但由于造价高昂,加上苏联解体,美国便于 1992 年决定除了前两艘外,后续 27 艘海狼级的建造计划全部取消。1995 年,美国政府又批准了第三艘海狼级的建造。3 艘海狼级潜艇分别命名为"海狼"号(SSN-21)、"康涅狄格"号(SSN-22)和"吉米·卡特"号(SSN-23),其中"海狼"号于 1997 年 7 月开始服役。

## •船体构造

海狼级潜艇的艇体比洛杉矶级潜艇短而粗,潜航排水量大幅增加至 9000 吨以上,是美国海军体积最大的攻击型核潜艇。海狼级沿用与洛杉矶级潜艇类似的简化型水滴艇体(艏艉轮廓为水滴形,中段舰体为单纯的平行管状构造),其舰壳表面力求光滑简洁并尽量减少突出物。可伸缩的艏平衡翼位于艇艏而非帆罩上。帆罩结构经过强化,有足够的能力突破北

海狼级潜艇在水面航行

极海薄冰层。以往的美国核潜艇都采用十字形舰尾控制翼,而海狼级则采用新的六片式尾翼,多出来的两片翼面位于两侧水平翼面与底部垂直翼面之间,倾斜朝下,作为拖曳声呐的施放口。由于艇壳采用 HY-00 高强度钢,海狼级的下潜深度达到了 610 米。

## •作战性能

海狼级潜艇在设计上堪称潜艇进行反潜作战的极致产物,能长时间在大洋或靠近苏联的近海进行反潜巡逻,拥有绝佳的声呐感测能力,并配备比洛杉矶级潜艇多一倍的鱼雷管和鱼雷,以长时间进行反潜作业。该级艇装有 8 座 660 毫米鱼雷发射管,可配装 50 枚 Mk 48 鱼雷(或"战斧"导弹、"鱼叉"导弹),也可换为 100 枚水雷。海狼级潜艇能够用极为安静

海狼级潜艇右舷视角

的方式在水下以 20 节的速度航行,除了使海狼级潜艇更难被侦测到外,也不会因潜艇本身的噪音影响搜寻。

# No.31 美国弗吉尼亚级攻击型核潜艇

| 基本参数 | |
|---|---|
| 潜航排水量 | 7900 吨 |
| 长度 | 115 米 |
| 宽度 | 10 米 |
| 吃水 | 10.1 米 |
| 潜航速度 | 30 节 |

★ 弗吉尼亚级潜艇浮出水面

弗吉尼亚级潜艇（Virginia class submarine）是美国海军正在建造的最新一级攻击型核潜艇，首艇于2004年开始服役。该级艇是美国海军第一种同时针对大洋和近海两种功能设计的核潜艇，以执行濒海作战任务为主，同时兼顾大洋作战。

## ● 研发历史

1992年，美国取消了海狼级攻击型核潜艇的后续建造计划，因为这种潜艇的造价过于昂贵，体积过于庞大。与此同时，美国海军开始筹划另一种排水量、价格均低于海狼级潜艇的新一代攻击型核潜艇，作为海狼级潜艇的替代方案。该计划的最终产物就是2000年开始建造的弗吉尼亚级

弗吉尼亚级潜艇左舷视角

攻击型核潜艇。美国海军计划建造 66 艘弗吉尼亚级潜艇，截至 2020 年初已有 17 艘建成服役。

## ●船体构造

弗吉尼亚级潜艇仍然采用圆柱形水滴流线舰体，直径与洛杉矶级潜艇相近。由于沿用了许多海狼级潜艇的研发成果，许多外形特征如前方具有弯角造型的帆罩、舰艉伸缩水平翼、两侧各三个宽孔径被动数组声呐的听音数组、六片式尾翼以及尾端水喷射推进器等，都与海狼级潜艇一模一样，因此从外观看起来就像海狼级潜艇的缩小版。

弗吉尼亚级潜艇俯视图

## ●作战性能

弗吉尼亚级潜艇装有 1 座十二联装导弹垂直发射装置，可使用射程为 2500 千米的对陆攻击型"战斧"巡航导弹，能够对陆地纵深目标实施打击。该级艇还安装了 4 座 533 毫米鱼雷发射管，发射管具有涡轮气压系统，解决了发射前需要注水而产生噪音的弊端。鱼雷发射管不但可以发射 Mk 48 型鱼雷、"鱼叉"反舰导弹以及布放水雷，还可以发射、回收水下无人驾驶遥控装置，以及无人飞行器。

弗吉尼亚级潜艇在水面航行

## No.32 美国俄亥俄级弹道导弹核潜艇

| 基本参数 | |
|---|---|
| 潜航排水量 | 18750 吨 |
| 长度 | 170 米 |
| 宽度 | 13 米 |
| 吃水 | 11.8 米 |
| 潜航速度 | 20 节 |

★ 俄亥俄级潜艇浮出水面

俄亥俄级潜艇（Ohio class submarine）是美国海军装备的第四代弹道导弹核潜艇，一共建造了18艘。

### ● 研发历史

1967年，美国制定了水下远程导弹系统（ULMS）计划。1972年初，ULMS-Ⅰ型导弹研制成功，命名为"三叉戟"Ⅰ型导弹。同时，美国开始发展新型弹道导弹潜艇以供"三叉戟"导弹使用，俄亥俄级潜艇的建造计划因此浮出水面。该级艇一共建造了18艘，首艇"俄亥俄"号（SSGN-726）于1976年4月开工，1979年4月下水，

俄亥俄级潜艇在近海航行

1981 年 11 月开始服役。

冷战结束后,根据美俄达成的《削减进攻性战略武器条约》,美国战略导弹潜艇的数量被限制在 14 艘。因此,从 2002 年 11 月起,"俄亥俄"号、"密歇根号"号、"佛罗里达"号和"佐治亚"号陆续被改装为巡航导弹核潜艇。目前,俄亥俄级潜艇是美国核威慑的重要力量,目前仍作为弹道导弹潜艇用途的 14 艘潜艇所携带的战略核弹头数量约占美国核弹头总数的 50%。

## ●船体构造

俄亥俄级潜艇是美国海军建造过的最大型的潜艇,其排水量和体积在全球范围内仅次于俄罗斯台风级潜艇(俄罗斯北风之神级潜艇的潜航排水量大于俄亥俄级潜艇,但是水上排水量则较小)。俄亥俄级潜艇为单壳型舰体,外形近似于水滴形,长宽比为 13∶1。舰体艏艉部是非耐压壳体,中部为耐压壳体。耐压壳体从舰艏到舰艉依次分为指挥舱、导弹舱、反应堆舱和主辅机舱四个大舱。其中指挥舱分上、中、下三层,上层包括指挥室、无线电室和航海仪器室。中层前部为生活舱,后部为导弹指挥室。下层布置 4 具鱼雷发射管。

俄亥俄级潜艇俯视图

## ●作战性能

俄亥俄级潜艇设有 24 具导弹垂直发射装置,最初发射"三叉戟"Ⅰ型导弹,后升级为"三叉戟"Ⅱ型导弹。被改装成巡航导弹核潜艇的 4 艘俄亥俄级潜艇,则改用"战斧"常规巡航导弹。除导弹外,各艇另有 4 座 533 毫米鱼雷发射管,可携带 12 枚 Mk 48 多用途线导鱼雷,用于攻击潜艇或水面舰艇。

俄亥俄级潜艇的声呐系统比较先进,美国海军以往的拉斐特级弹道导弹核潜艇的声呐系统较为简陋,体积较小,因此鱼雷管可以置于舰艏。而俄亥俄级潜艇则如同美国海军攻击型核潜艇一般拥有艇艏大型球形声呐,鱼雷管被挤到艇身底侧。俄亥俄级潜艇使用的 BQQ-6 声呐系统除了省略艇艏球形阵列声呐的主动拍发功能(仍保留听音阵列)外,其余部件均与同一时期的洛杉矶级潜艇的 BQQ-5 声呐系统相当,搭配的计算机为 MK-118 型。

俄亥俄级潜艇俯视图右舷视角

## No.33 美国哥伦比亚级弹道导弹核潜艇

| 基本参数 | |
|---|---|
| 潜航排水量 | 20810 吨 |
| 长度 | 171 米 |
| 宽度 | 13 米 |
| 吃水 | 未公开 |
| 潜航速度 | 未公开 |

★ 哥伦比亚级潜艇艺术想象图

哥伦比亚级潜艇（Columbia class submarine）是美国正在规划建造的新一代弹道导弹核潜艇，计划建造 12 艘。

### ● 研发历史

美国海军从 21 世纪初开始就着手研究战略核潜艇的换代项目，也被称为 SSBN-（X）项目，旨在为美国海军研制 12 艘新型弹道导弹核潜艇以取代现役的 14 艘俄亥俄级战略核潜艇。由于美国深陷伊拉克战争，SSBN-(X) 的研发进度较慢，直到 2010 年才加快速度。2014 年，SSBN-(X) 完成定型设计，包括总体设计、水动力设计、耐压壳、武器系统等。2016 年 12 月，SSBN-(X) 的首艇被命名为"哥伦比亚"号，计划于 2021 年开工建造，2031 年开始服役。

## • 船体构造

哥伦比亚级潜艇在静音隐身方面做了很大的改进，其中一个革命性设计就是引入了电力推进系统，省去了齿轮箱、推进轴等部件，消除了潜艇的一大噪音源；在推进传动方面，哥伦比亚级也有较大的提高，它将采用弗吉尼亚级潜艇的泵喷推进器代替俄亥俄级潜艇的螺旋桨推进，以降低系统的噪音；在潜艇外壳体上仍将铺设隔音隐身的消音材料覆层，可大幅降低被主动声呐探测到的概率，性能优于传统的消音瓦。再加上新一代浮筏减振、吸音涂料等技术的运用，有效地提高了哥伦比亚级的静音能力。此外，哥伦比亚级还首次采用了X形尾舵替代传统的木字形尾舵，从而简化了尾部结构，使潜艇的尾流更加流畅，同时也改善了水动力，降低了阻力以及提高了静音能力。

## • 作战性能

哥伦比亚级潜艇将采用模块化的通用导弹舱设计。当前，包括俄亥俄级潜艇在内的世界各国现役战略核潜艇，均采用相互独立的潜射弹道导弹发射筒设计，而哥伦比亚级的一大特色技术就是发射系统采用了4个通用发射模块，每个模块由4个直径为2米的发射筒组成，相关辅助设备也集成在舱内，外部管线和接口数量将大大减少，工艺性、可靠性、维修性、安全性则大幅提高。

哥伦比亚级潜艇的核反应堆较俄亥俄级潜艇可以提供更多动力，因此可以执行更多的派遣任务，并可以免于服役期间增添核燃料。除动力更强以外，哥伦比亚级的操纵观通设备、声呐、电子控制系统、通信系统、自卫武器及其作战系统等基本与弗吉尼亚级潜艇相同，由于是最新设计和建造的，其信息化、自动化水平将比弗吉尼亚级更高。

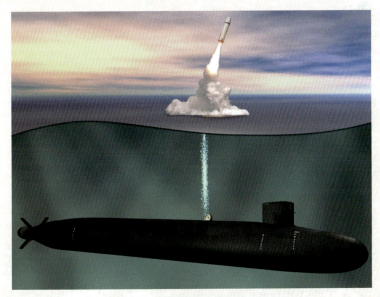

★ 哥伦比亚级潜艇发射导弹示意图

# No.34 俄罗斯亚森级攻击型核潜艇

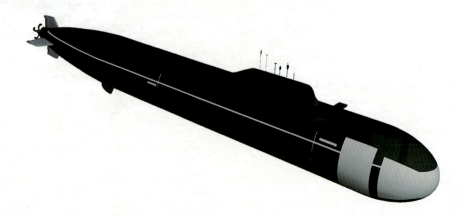

| 基本参数 | |
|---|---|
| 潜航排水量 | 13800 吨 |
| 长度 | 120 米 |
| 宽度 | 15 米 |
| 吃水 | 8.4 米 |
| 潜航速度 | 28 节 |

★ 亚森级潜艇在水面航行

亚森级潜艇（Yasen class submarine）是俄罗斯海军在苏联解体后研制并装备的第一种攻击型核潜艇，未来20年内，它将和北风之神级潜艇一起，构成俄罗斯海军力量的核心。

## ● 研发历史

由于阿库拉级潜艇的设计目的是用于深海作战，在浅海作战有些力不从心，为此，俄罗斯海军便决定研制一种能够和美国最先进的弗吉尼亚级潜艇、海狼级潜艇对抗的核潜艇，亚森级潜艇由此而生。俄罗斯海军计划建造12艘亚森级潜艇，首艇"北德文斯克"号

亚森级潜艇右舷视角

（K-560）于 1993 年 12 月开工，2010 年 6 月下水，2013 年 12 月开始服役。截至 2020 年初，二号艇"喀山"号（K-561）和三号艇"新西伯利亚"号（K-573）已经下水，四号艇到七号艇也已开工建造。

## ●船体构造

亚森级潜艇的艇体采用高性能的双壳体结构，潜艇内分 7 个舱室布置，分别是指挥舱、巡航导弹舱、鱼雷舱、居住舱、反应堆舱、主机舱和尾部舱。该潜艇的储备浮力极佳，指挥舱内还设有能容纳全体乘员的救生室，以便在出现事故或者战损时使用。

亚森级潜艇左舷视角

亚森级潜艇还铺设了新型消音瓦，这种消音瓦为俄罗斯最新一代消音瓦，厚约 80～150 厘米，长宽为 90～85 厘米，由合成橡胶制成，结构为两层，外层为实心固体，内层设置了各种尺寸与形状的孔洞。这种消音瓦既能吸收敌方主动声呐的探测声波，又能隔绝和降低噪音（降低 20 分贝以上）。为了降低艇内部的噪音，艇上的机械设备都经过严格挑选，尽量采用低噪音设备，并给噪音强的设备上加装隔音罩、消音器和设立隔音室。

## ●作战性能

与以往的俄罗斯核潜艇相比，亚森级潜艇具有更强大的火力、更强大的机动性和更高的隐蔽性。亚森级潜艇在艇艏装备了 8 座 650 毫米鱼雷发射管和 2 座 533 毫米鱼雷发射管，可以发射 65 型鱼雷、53 型鱼雷、SS-N-15 反潜导弹等武器。此外，该艇还在指挥台围壳后面的巡航导弹舱布置了 1 座八联装导弹垂直发射装置，用于发射 SS-N-27 巡航导弹。

亚森级潜艇的综合声呐系统为"阿亚克斯"系统，其有效作用距离远达 100 千米，而且还能适应多种水声环境，搜索能力极强。"阿亚科斯"系统包括艇艏球阵主/被动搜索与攻击低频声呐、甚低频拖线阵声呐以及低频舷侧阵声呐。此外，亚森级潜艇还装有测冰仪、测深仪、探雷和通信声呐等设备。

亚森级潜艇浮出水面

# No.35 苏联/俄罗斯德尔塔级弹道导弹核潜艇

| 基本参数（Ⅳ级） | |
|---|---|
| 潜航排水量 | 19000 吨 |
| 长度 | 167 米 |
| 宽度 | 12 米 |
| 吃水 | 9 米 |
| 潜航速度 | 24 节 |

★ 德尔塔Ⅳ级潜艇艉部视角

德尔塔级潜艇（Delta class submarine）是苏联建造的第二代弹道导弹核潜艇，是德尔塔Ⅰ~Ⅳ级弹道导弹核潜艇的总称。它由红宝石设计局设计，目前前两级已全部退役，Ⅲ级、Ⅳ级仍是俄罗斯海军的主力潜艇。

## ● 研发历史

由于德尔塔级潜艇出现了4种外形相似，但又各有不同的艇型，这让北约为德尔塔级潜艇命名时颇感无奈。最终，北约武器系统命名小组将它们统称为德尔塔级，4个艇型则分别命名为德尔塔Ⅰ~Ⅳ级。德尔塔Ⅰ级于1972年开始服役。截至2020年初，德尔塔Ⅰ级（共18艘）和德

德尔塔Ⅱ级潜艇

尔塔Ⅱ级（共4艘）已全部退役，德尔塔Ⅲ级（共14艘、1艘现役）、德尔塔Ⅳ级仍然属于现役潜艇。其中，德尔塔Ⅳ级是俄罗斯弹道导弹潜艇中出勤率和妥善率最高的艇级，共建造7艘，6艘为现役并参与战略任务。

## 船体构造

德尔塔Ⅳ级潜艇艏部视角

德尔塔级潜艇拥有圆钝形低矮艇艏，指挥塔围壳轮廓低矮，位于艇体前端。大型潜水舵位于指挥塔围壳前缘，中等高度位置。特点鲜明的大型突出状平顶导弹发射舱位于指挥塔围壳后方，前缘与指挥塔围壳融合。导弹舱径直延伸至艇艉方向，长度约占整个艇体一半，末端与艇艉融合。

总体设计上，德尔塔Ⅳ级潜艇与前三级大致相同，都使用了苏联潜艇普遍使用的双壳体结构，在指挥围壳上安装了水平舵。在没有纵向倾斜的情况下，这种水平舵可以让潜艇更容易下沉。与前三级相比，德尔塔Ⅳ级进一步减少了噪音，该艇轮机舱处于独立声音屏蔽舱中，而整个动力区（轮机部和核反应堆）都安装了消音器，在非耐压艇体上使用了流线型外形，以使螺旋桨水流更加均匀以降低工噪。

## 作战性能

德尔塔Ⅳ级潜艇装备16发P-29PM潜射弹道导弹，装载在D-9PM型发射筒内。P-29PM是苏联设计的最后一型液体燃料潜射弹道导弹。这种导弹可以装备3发爆炸当量为0.25兆吨的核弹头或7个爆炸当量为0.1兆吨的核弹头。该级潜艇还可以使用SS-N-15"海星"反舰导弹，这种导弹速度为200节，射程为45千米，可以装配核弹头。

德尔塔Ⅳ级潜艇在北极海域

德尔塔Ⅳ级可以在6～7节、55米深度的情况下连续发射出所有的导弹，并且可以在任何航向下，以及一定的纵向倾斜角度下发射导弹。德尔塔Ⅳ级还装备了4座533毫米鱼雷发射管，可以发射多种鱼雷，另外还安置了自动鱼雷装填系统，以减少鱼雷发射间隔从而提高自卫能力。

德尔塔Ⅳ级潜艇装备了"瑟尤斯"（Shlyuz）导航系统，比德尔塔前三级的导航系统更精准，系统使用的漂浮式拖曳天线为"大鲱鱼"型。声呐系统为"鳐鱼"系列中的一种（"鳐鱼"系列是俄罗斯目前最先进的声呐基阵系列）。在德尔塔Ⅳ级的尾部垂直稳定舵的导流罩中安置了拖拽声呐基阵的收放装置。火控系统方面，德尔塔Ⅳ级使用专为其研制的"公共马车"战斗指挥系统，这个系统用于处理除弹道导弹以外所有的战斗数据和鱼雷火控。

# No. 36 苏联/俄罗斯台风级弹道导弹核潜艇

| 基本参数 | |
|---|---|
| 潜航排水量 | 48000 吨 |
| 长度 | 171.5 米 |
| 宽度 | 25 米 |
| 吃水 | 17 米 |
| 潜航速度 | 25 节 |

★ 台风级潜艇浮出水面

台风级潜艇（Typhoon class submarine）是苏联设计建造的弹道导弹核潜艇，一共建造了6艘。该级艇是人类历史上建造的排水量最大的潜艇，至今仍保持着最大体积和吨位潜艇的世界纪录。

## ● 研发历史

台风级潜艇是典型的冷战时期的产物，其设计目的是为了达到"相互保证毁灭原则"。台风级潜艇原计划建造8艘，最终建成了6艘（舷号分别为TK-208、TK-202、TK-12、TK-13、TK-17、TK-20），整个建造计划在1989年全部完成。其中，首艇于1977年开

台风级潜艇艉部视角

工建造，1980 年 9 月下水，1981 年 12 月正式服役。六号艇于 1987 年 1 月 6 日开工建造，1988 年 6 月下水，1989 年 9 月正式服役。苏联解体后，俄罗斯海军因经费问题而无法维持台风级潜艇的运作，相继有 3 艘被拆解。截至 2020 年初，台风级潜艇只剩下 1 艘在役，还有 2 艘退役后储备在北方舰队。

## ●船体构造

台风级潜艇最独特的设计是"非典型双壳体"，即导弹发射筒为单壳体，其他部分为双壳体。导弹发射筒夹在双壳耐压艇体之间，可避免出现"龟背"而增大航行的阻力和噪音，并节约建造费用。该级艇共有 19 个舱室，从横剖面看成"品"字形布设，主耐压艇体、耐压中央舱段和鱼雷舱采用钛合金材料，其余部分都采用消磁高强度钢材。在非耐压艇体外表面铺设有一种专用橡胶水声消音瓦，以提高潜艇的隐蔽性。台风级潜艇在遭受普通鱼雷攻击时，大部分的鱼雷爆炸力会被双壳体的耐压舱和壳体外的水吸收，从而保护艇体。

台风级潜艇左舷视角

## ●作战性能

台风级潜艇的体积几乎是美国俄亥俄级潜艇的两倍，但是核弹投射能力略逊于后者。不过，得益于庞大的船舱容积，台风级潜艇可以让水兵舒服地在敌人附近海域枕戈待旦较长时间。

台风级潜艇设有 1 座二十联装导弹发射管、2 座 533 毫米鱼雷发射管、4 座 650 毫米鱼雷发射管，可发射 SS-N-16 反潜导弹、SS-N-15 反潜导弹、SS-N-20 弹道导弹，以及常规鱼雷和"风暴"空泡鱼雷等。其中，SS-N-20 导弹是三级推进式潜射洲际弹道导弹，采用固体燃料，发射重量 90 吨，可携带 10 个分弹头，射程 8300 千米，圆概率偏差 500 米。台风级潜艇可以同时发射两枚 SS-N-20 弹道导弹，这在弹道导弹潜艇中是极为罕见的。

台风级潜艇在近海航行

# No.37 俄罗斯北风之神级弹道导弹核潜艇

## 基本参数

| 基本参数 | |
|---|---|
| 潜航排水量 | 17000 吨 |
| 长度 | 170 米 |
| 宽度 | 13 米 |
| 吃水 | 10 米 |
| 潜航速度 | 27 节 |

★ 北风之神级潜艇在水面航行

北风之神级潜艇（Borei class submarine）是俄罗斯设计建造的新一代弹道导弹核潜艇，能够替代体积庞大、效费比不高的台风级潜艇承担战略核反击的重任，其机动性更好，信息化程度也更高。

## • 研发历史

北风之神级潜艇是德尔塔级核潜艇和台风级核潜艇的后继型，由红宝石设计局设计。"北风之神"意为希腊神话中的北风之神，俄方代号为955级（原为935级），俄罗斯称其为"水下核巡洋舰"。该级艇的性能远超俄罗斯其他现役弹道导弹核潜艇，充分表现出俄罗斯高超的潜艇制造技术。

北风之神级潜艇浮出水面

北风之神级潜艇计划建造 10 艘，截至 2020 年初，已有 3 艘开始服役，即"尤里·多尔戈鲁基"号（K-535）、"亚历山大·涅夫斯基"号（K-550）和"弗拉基米尔·莫诺马赫"号（K-551）。其中，"尤里·多尔戈鲁基"号于 1996 年 12 月开工，2008 年 2 月下水，2013 年 1 月开始服役。此外，四号艇也计划在 2020 年内入役，五号艇到八号艇都已开工建造。

北风之神级潜艇艏部视角

## ●船体构造

北风之神级潜艇选择了近似拉长水滴形的流线造型，能够在保证水下高航速的同时，降低外壳和水流的摩擦，从而降低噪音，减少被敌方声呐系统发现的概率。北风之神级潜艇的表面专门铺设了一层厚达 150 毫米的高效消音瓦，主机等主要噪音源也安装了减振基座和隔音罩。

北风之神级弹道导弹核潜艇的主动力装置为双座压水反应堆和汽轮机，采用双轴推进。其压水反应堆也是台风级的主动力装置，其最大功率为 380 兆瓦，而汽轮机的最大输出功率为 74570 千瓦，如此强劲的动力装置使得北风之神的最大水下航速达到了 27 节，其水下机动性能超过了美国的俄亥俄级弹道导弹核潜艇。此外，该艇还装有 2 个低噪音推进电动机，主要用于水下低航速时的安静前行。

## ●作战性能

北风之神级潜艇装有 1 座十六联装导弹发射装置，可发射 SS-N-32 弹道导弹（苏联代号为 R-30"圆锤"）。这种导弹是以"白杨"M 陆基洲际弹道导弹为基础发展而来，可携带 10 个分导式多弹头，最大射程 8300 千米。常规自卫武器方面，北风之神级潜艇装备了 6 座 533 毫米鱼雷发射管，可发射 SS-N-15 反潜导弹、SA-N-8 防空导弹和鱼雷等武器，自身防卫作战能力极为强悍。此外，还计划配备速度达 200 节的"暴风"高速鱼雷，这种鱼雷不仅能有效地反潜，而且还能反鱼雷。

★ 北风之神级潜艇艉部视角

俄罗斯设计人员在北风之神级潜艇的电子作战系统上下了很大功夫，大大缩小了与西方先进水平的差距。北风之神级潜艇广泛使用了现代电子设备，其内部采用全数字化电子设备和平板显示器。艇上还安装了"公共马车"战斗指挥系统和"斯卡特"综合声呐系统，后者包括艇艏声呐、舷侧声呐和拖曳线列阵声呐。由于整艘潜艇设备自动化程度大幅提升，艇员人数也随之削减。同时，自动化、数字化也让潜艇的自主巡航时间扩大到 100 个昼夜，可实现对目标发动突袭。

# No.38 英国机敏级攻击型核潜艇

| 基本参数 | |
|---|---|
| 潜航排水量 | 7800 吨 |
| 长度 | 97 米 |
| 宽度 | 11.3 米 |
| 吃水 | 10 米 |
| 潜航速度 | 32 节 |

★ 机敏级潜艇艏部视角

机敏级潜艇（Astute class submarine）是英国正在建造的新一代攻击型核潜艇，计划建造 7 艘，截至 2020 年初共有 3 艘建成服役。

## ●研发历史

为了取代敏捷级攻击型核潜艇和特拉法尔加级攻击型核潜艇，英国海军早在 20 世纪 80 年代末期便已开始规划新一代的攻击型核潜艇。1994 年 7 月，英国国防部对国内相关造舰厂商下达了新一代攻击型核潜艇的招标书。1997 年 3 月，英国海军正式签署了机敏级潜艇的建造合约。

机敏级潜艇在近海航行

首艇"机敏"号（S119）于2001年1月开工，2007年6月下水，2010年8月开始服役。二号艇"伏击"号（S120）于2013年3月开始服役。三号艇"机警"号（S121）于2016年3月开始服役。四号艇"勇敢"号（S122）于2017年4月下水，预计2021年开始服役。五号艇"安森"号（S123）、六号艇"阿伽门农"号（S124）和七号艇"阿贾克斯"号（S125）均已开工。

机敏级潜艇右舷视角

## ●船体构造

机敏级潜艇采用模块化设计，使系统维修升级更加简单，原来需要2～3天才能完成安装的动力系统，只需要5小时左右就可安装完毕。机敏级的动力系统独具特点，它率先在核动力系统以外，配备了常规动力备用设备。这主要是为了避免核潜艇在失去动力后，自救无门，甚至造成核灾难事故。

机敏级潜艇装备1座罗尔斯·罗伊斯公司制造的第二代PWR2型压水核反应堆、新型喷射式推进系统和两台通用电气公司的蒸汽轮机。PWR2核反应堆的设计寿命为25～30年，基本与机敏级的服役期相同，所以在潜艇的全寿命期间不需要更换核燃料，可省去昂贵的中期改装费用和数年的停航期。另外，机敏级潜艇还装备有2台柴油交流发电机、1台应急发动机和1台辅助收缩式推进器。CAE电子公司提供用于掌舵、下潜、潜水深度控制和平台管理的数字式集成控制和测量仪表系统。

## ●作战性能

机敏级潜艇的艇艏装有6座533毫米鱼雷发射管，可发射"旗鱼"鱼雷、"鱼叉"反舰导弹和"战斧"对陆攻击巡航导弹，鱼雷和导弹的装载总量为38枚，也可携带水雷作战。总体上，机敏级潜艇的武器火力要比特拉法尔加级潜艇高出50%。

机敏级潜艇艉部视角

机敏级潜艇以光纤红外热成像摄像机取代了传统潜望镜，它不再保留传统形式的光学潜望镜，取而代之的是两套非壳体穿透型CM010光电桅杆，包括热成像、微光电视和计算机控制的彩色电视传感器。

# No.39 英国前卫级弹道导弹核潜艇

| 基本参数 | |
|---|---|
| 潜航排水量 | 15900 吨 |
| 长度 | 149.9 米 |
| 宽度 | 12.8 米 |
| 吃水 | 12 米 |
| 潜航速度 | 25 节 |

★ 前卫级潜艇浮出水面

前卫级潜艇（Vanguard class submarine）是英国于20世纪80年代设计建造的弹道导弹核潜艇。它借鉴了美国俄亥俄级潜艇的设计，并采用了英国首创的泵喷射推进技术，有效降低辐射噪音，安静性和隐蔽性尤为出色。

## ●研发历史

英国一向重视发展海军，积极跟随美国发展核潜艇，并从美国引进核潜艇的关键技术。1982年3月，英国决定向美国购买72枚"三叉戟"Ⅱ型导弹，装备4艘核潜艇。1983年，英国海军与维克斯造船公司签订了新一代核潜艇的建造合同，

前卫级潜艇在近海航行

命名为前卫级。

前卫级潜艇一共建造了4艘,首艇"前卫"号(S28)于1986年9月开工,1992年3月下水,1993年8月服役。二号"胜利"号(S29)于1987年12月开工,1993年9月下水,1995年1月服役。三号"警戒"号(S30)于1991年2月开工,1995年10月下水,1996年11月服役。四号"复仇"号(S31)于1993年2月开工,1998年9月下水,1999年11月服役。"胜利者"战略轰炸机于1993年10月退役后,前卫级潜艇成为英国仅剩的一种核打击平台。

## 船体构造

前卫级潜艇采用水滴形艇体,略显瘦长。该级艇采用艏水平舵,艉部为十字形尾鳍。艇体结构为单双壳体混合型,有利于降低艇体阻力和提高推进效率。艇体外形光顺,航行阻力较低,并敷有消音瓦。艇内布置有艏鱼雷舱、指挥舱、导弹舱、辅机舱、反应堆舱、主机舱等6个舱室。前卫级潜艇在提高隐身能力方面下了很大功夫,如采用经过淬火处理的变额硬化齿轮、筏式整体减振装置等。此外,艇壳上的流水孔很少,表面光滑,减少了水动力噪音。

★ 前卫级潜艇艏部视角

## 作战性能

前卫级潜艇装备了从美国引进的"三叉戟"Ⅱ型弹道导弹,一共16枚。每枚导弹可携带8个威力为150千吨,梯恩梯(TNT)当量的分导式多弹头,每艘潜艇的弹头数为128个,总威力为19200千吨TNT当量。除此之外,前卫级潜艇还装有4座533毫米鱼雷发射管,可发射"旗鱼"鱼雷和"鱼叉"反舰导弹。

前卫级潜艇艉部视角

前卫级导航系统装备了美国生产的SINS MK2惯性导航系统和静电陀螺监控器,以及导航计算机,为提高"三叉戟"弹道导弹的命中精度,提供更加准确的潜艇定位精度。在水面航行时,前卫级潜艇使用1007型导航雷达。它的潜望镜是由巴尔与斯特劳德公司研制的非穿透式潜望镜,包括光电探测头、非穿透壳体桅杆及其液压升降装置和遥控台。该级艇采用了英国专门为它发展的新型2054型多功能综合声呐系统,包括2043型用于搜索和鱼雷射击指挥的主/被动声呐系统、被动共形舷侧基阵、2082型侦察声呐、2046型拖曳线列阵声呐和3台数字式处理机。

# No.40 法国凯旋级弹道导弹核潜艇

| 基本参数 | |
|---|---|
| 潜航排水量 | 14335 吨 |
| 长度 | 138 米 |
| 宽度 | 12.5 米 |
| 吃水 | 12.5 米 |
| 潜航速度 | 25 节 |

★ 凯旋级潜艇在水面航行

凯旋级潜艇（Triomphant class submarine）是法国设计建造的弹道导弹核潜艇，一共建造了4艘，目前是法国海军最重要的核威慑力量。

## ● 研发历史

为替换老旧的弹道导弹核潜艇，法国于1981年7月开始发展凯旋级弹道导弹核潜艇。该级艇一共建造了4艘，分别为"凯旋"号（S616）、"勇猛"号（S617）、"警惕"号（S618）和"可怕"号（S619）。其中，"凯旋"号于1989年7月开工，1994年3月下水，1997年3月开始服役。

凯旋级潜艇在近海航行

"可怕"号于 2000 年 10 月开工，2008 年 3 月下水，2010 年 9 月开始服役。

## • 船体构造

凯旋级潜艇的艇体为细长水滴形，长宽比为 11∶1，具有光顺的流线型表面。该级艇为单壳结构，耐压壳内布置有鱼雷舱、指挥舱、导弹舱、反应堆舱、主机舱、尾舱等舱室。艉部采用泵喷射推进器，导管内外还铺有消音材料，降低噪音，提高推进效率。艇壳

凯旋级潜艇右舷视角

材料采用 HLES-100 高强度钢，下潜深度可达 400 米。凯旋级潜艇采用 K15 一体化压水堆，具有功率大、体积小、重量轻、噪音低、堆芯寿命长的特点。

## • 作战性能

凯旋级潜艇所配备的 M51 弹道导弹是法国最新研制的潜射弹道导弹，具有射程远、攻击能力强、突防手段多、抗毁伤能力强、弹头小型化水平高等优点。凯旋级潜艇装有 1 座十六联装导弹发射装置，可发射 M51 弹道导弹。该导弹为三级固体燃料导弹，射程超过 10000 千米，圆概率偏差 300 米。此外，凯旋级潜艇还装有 4 座 533 毫米鱼雷发射管，可发射 L5-3 型两用主/被动声自导鱼雷或"飞鱼"SM39 反舰导弹，鱼雷和反舰导弹可混合装载 18 枚。

凯旋级潜艇装备了法国自行研制的 SGN-3 全球惯性导航系统，装有高性能的惯性中心，可提供精确的潜艇位置，以提高发射 M51 导弹的命中精度。艇上还装有天文导航、卫星导航等设备。凯旋级潜艇装有 DRUA-33 型 I 波段"卡里普索"水面导航和搜索雷达。艇上配有综合通信系统，包括卫星通信、甚低频通信及浮标天线，极低频通信设备等。还装有 ARUR13/DR-3000U 型电子战侦察措施。

凯旋级潜艇浮出水面

# 第4章
# 两栖舰艇

两栖舰艇亦称登陆舰艇,它是一种用于运载登陆部队、武器装备、物资车辆、直升机等进行登陆作战的舰艇。两栖舰艇出现于二战中,20世纪50年代以后迅速发展壮大。

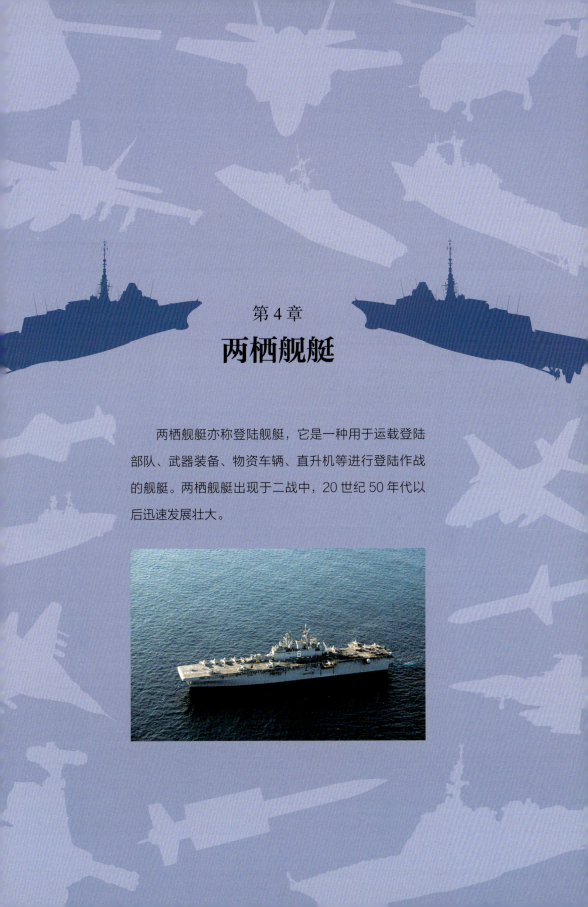

# No.41 美国黄蜂级两栖攻击舰

| 基本参数 | |
|---|---|
| 满载排水量 | 41150 吨 |
| 长度 | 257 米 |
| 宽度 | 31.8 米 |
| 吃水 | 8.1 米 |
| 最高航速 | 22 节 |

★ 黄蜂级两栖攻击舰左舷视角

黄蜂级两栖攻击舰（Wasp class amphibious assault ship）是美国于20世纪80年代中期开始建造的两栖攻击舰，一共建造了8艘。该级舰的主要任务是支援登陆作战，其次是执行制海任务。

● 研发历史

20世纪80年代，美国海军为了替换老旧的硫磺岛级两栖攻击舰，以塔拉瓦级两栖攻击舰为基础设计发展出黄蜂级两栖攻击舰。首舰"黄蜂"号（LHD-1）于1985年5月开工建造，1987年8月下水，1989年7月开始服役。其他各舰分别为"埃塞克斯"号

黄蜂级两栖攻击舰舯部视角

(LHD-2)、"基萨奇"号(LHD-3)、"拳师"号(LHD-4)、"巴丹"号(LHD-5)、"好人理查德"号(LHD-6)、"硫磺岛"号(LHD-7)、"马金岛"号(LHD-8),大多是继承美国海军历史上著名军舰的命名,少数以著名战役为命名依据。截至2020年初,黄蜂级两栖攻击舰全部在役。

## ●船体构造

黄蜂级两栖攻击舰的外形与塔拉瓦级两栖攻击舰相似,并使用相同的动力系统,但是黄蜂级在设计与概念上有重大改良,并且功能更多。黄蜂级的舰内空间结构与塔拉瓦级相似,不过舰内车库甲板面积(1980平方米)仅有塔拉瓦级的73%,货舱甲板容积(3030立方米)也只有塔拉瓦级的92%,腾出的空间用来容纳航空器相关设施,可装载比塔拉瓦级更多的航空器。与塔拉瓦级相同,黄蜂级拥有2座大型升降机,为了使舰船宽度满足通过巴拿马运河的要求,升降机可以进行折叠。

★ 黄蜂级两栖攻击舰艉部视角

## ●作战性能

黄蜂级两栖攻击舰相较于塔拉瓦级两栖攻击舰能使用更先进的舰载机和登陆艇。在后续的美利坚级两栖攻击舰服役前,黄蜂级是世界两栖舰艇中吨位最大、搭载直升机最多的一级。在标准的搭载模式下,黄蜂级的舰载机阵容为4架CH-53运输直升机、12架CH-46运输直升机、4架AH-1W攻击直升机、6架AV-8B垂直起降攻击机、2架UH-1N通用直升机,总数在30架左右。在突击模式下,舰上可搭载42架CH-46运输直升机。在操作MV-22倾转旋翼机时,黄蜂级可以容纳12架。

黄蜂级两栖攻击舰

黄蜂级两栖攻击舰的舰内车库甲板的标准搭载量包括5辆M1主战坦克、25辆AAV-7两栖突击车、8辆M109自行榴弹炮、68辆"悍马"装甲车、10辆补给车辆、20辆5吨军用卡车、2辆水柜拖板车、2辆发电机拖板车、1辆油罐车、4辆全地形堆高机等。车库甲板并未设置驶进/驶出舱门,这些车辆需驶入舰内坞舱,由登陆载具运上岸,或由货运升降机送至甲板上,由重型直升机吊挂至陆上。

# No.42 美国美利坚级两栖攻击舰

| 基本参数 | |
|---|---|
| 满载排水量 | 45693 吨 |
| 长度 | 257.3 米 |
| 宽度 | 32.3 米 |
| 吃水 | 8.7 米 |
| 最高航速 | 20 节 |

★ 美利坚级两栖攻击舰俯视图

美利坚级两栖攻击舰（America class amphibious assault ship）是美国正在建造的新一代两栖攻击舰，计划建造 11 艘，首舰于 2014 年开始服役。

## • 研发历史

虽然美利坚级两栖攻击舰被划分为直升机登陆突击舰（Landing Helicopter Assault，LHA）类别，但它基本上是以黄蜂级两栖攻击舰（被划分为直升机船坞登陆舰）为基础研发的。首舰"美利坚"号（LHA-6）于 2009 年 7 月开工建造，2012 年 10 月下水，2014 年

航行中的美利坚级两栖攻击舰

10月开始服役,取代舰龄已高的塔拉瓦级"贝里琉"号。二号舰"的黎波里"号(LHA-7)于2014年6月开工建造,2017年5月下水,截至2020年初仍处于海试阶段。三号舰"布干维尔"号(LHA-8)于2019年3月开工建造。

## ●船体构造

美利坚级两栖攻击舰是美国乃至全世界有史以来吨位最大的两栖攻击舰,虽然名义上称为两栖攻击舰,但在构造与用途上与一般的非斜向甲板设计的航空母舰并无不同。事实上,除了美国尼米兹级和俄罗斯"库兹涅佐夫"号等极少数航空母舰外,其他国家服役中的航空母舰的排水量几乎都要小于美利坚级。相较于美国过去的两栖

★ 美利坚级两栖攻击舰艉视角

攻击舰,美利坚级拥有更大的机库、经重新设计与扩大的航空维修区、大幅扩充的零件与支援设备储存空间以及更大的油料库。

美利坚级两栖攻击舰主要作为两栖登陆作战中空中支援武力的投射平台,完全省略了坞舱的设计,节约出来的空间被用来建造2座更宽敞、净空更大、设有吊车、可容纳MV-22"鱼鹰"倾转旋翼机的维修舱。与美国海军以往建造的黄蜂级、塔拉瓦级、硫磺岛级等两栖攻击舰采用蒸汽轮机动力系统不同,美利坚级采用了技术先进的燃气轮机-全电推进方式。这种推进方式安静性能好、推进效率高、启动运转速度快,是未来大型水面舰艇动力的发展趋势。

## ●作战性能

美利坚级两栖攻击舰可搭载一个由12架MV-22"鱼鹰"倾转旋翼机、6架F-35B战斗机、4架CH-53E"超级种马"直升机、7架AH-1"眼镜蛇"武装直升机或UH-1"伊洛魁"通用直升机以及2架MH-60S"海鹰"搜救直升

美利坚级两栖攻击舰左舷视角

机所组成的混编机队;或单纯只搭载20架F-35B战斗机与2架MH-60S搜救直升机,组成空中攻击火力最大化的配置。此外,美利坚级两栖攻击舰还增强了两栖运输能力,特别是货物和车辆的运输能力,舰内货舱容积达3965立方米,车辆甲板面积为2362平方米,能够容纳先进两栖突击车(AAAV)、M1A2主战坦克等装甲车辆,以及1800名海军陆战队员及其装备。

美利坚级两栖攻击舰的自卫武器为2座改进型"海麻雀"防空导弹发射装置、2座"拉姆"防空导弹发射装置、2座Mk 15"密集阵"近程防御武器系统和7座双联装12.7毫米重机枪。

# No.43 美国圣安东尼奥级船坞登陆舰

| 基本参数 | |
|---|---|
| 满载排水量 | 24900 吨 |
| 长度 | 208 米 |
| 宽度 | 32 米 |
| 吃水 | 7 米 |
| 最高航速 | 22 节 |

★ 圣安东尼奥级船坞登陆舰右舷视角

圣安东尼奥级船坞登陆舰（San Antonio class amphibious transport dock）是美国正在建造的新一代船坞登陆舰，计划建造26艘，首舰于2006年开始服役。

## ● 研发历史

1993年1月11日，美国国防采购委员会批准了LP-X（LPD-17）计划。它是美国海军为实施其"由海向陆"新战略而建造的第一批新战舰之一，是第一种根据美国海军陆战队"舰对目标机动作战"而设计的两栖战舰。首舰"圣安东尼奥"号（LPD-17）于2003年7月下水，2006年1月正

★ 圣安东尼奥级船坞登陆舰艏部视角

式服役。截至 2020 年初，圣安东尼奥级船坞登陆舰共有 11 艘建成服役。

## • 船体构造

圣安东尼奥级船坞登陆舰最初计划采用类似阿利·伯克级驱逐舰的倾斜式轻质合金桅杆，但后来改成先进的封罩式桅杆/雷达系统（AEM/S），将包括 SPS-48E 对空搜索雷达在内的收发天线藏在 AEM/S 塔状外罩内，大幅增加隐身性，也可避免装备受海水盐害或外物损伤。圣安东尼奥级船坞登陆舰拥有高度的隐身造型，舰上各装备也尽量采取隐藏式设计，大幅降低了雷达截面积，此外也致力于降低红外线等其他信号。

圣安东尼奥级船坞登陆舰的上层建筑分为前、后两部分，前部船楼包含舰桥、前部 AEM/S 桅杆以及一号烟囱等，后部船楼包含机库、库房、后部烟囱以及后部 AEM/S 桅杆等，两船楼之间的空隙也由两侧舷墙包围，中间形成的天井空间可用来停放小艇，而且侧面受到舷墙遮蔽，可降低雷达截面积。

航行中的圣安东尼奥级船坞登陆舰

圣安东尼奥级船坞登陆舰仰视图

## • 作战性能

圣安东尼奥级船坞登陆舰有 3 个总面积达 2360 平方米的车辆甲板、3 个总容量 962 立方米的货舱、1 个容量 119 万升的 JP5 航空燃油储存舱、1 个容量达 3.8 万升的车辆燃油储存舱及 1 个弹药储存舱，为登陆部队提供充分的后勤支援。舰内设有一个全通式泛水坞穴甲板，由舰艉升降闸门出入，可停放 2 艘气垫登陆艇（LCAC）或 1 艘通用登陆艇（LCU），位于舰体中部、紧邻坞穴的部位可停放 14 辆新一代先进两栖突击载具。此外，该级舰还能搭载海军陆战队的各种航空器，包括 CH-46 中型运输直升机、CH-53 重型运输直升机和 MV-22 倾转旋翼机等。

相较于以往的两栖舰艇，圣安东尼奥级船坞登陆舰着重于减少对友军岸上设施的依赖、降低人力需求、减低作业成本、保留未来改良空间以及提高独力作战能力，特别是自卫能力。该级舰的自卫武器为 2 座二十一联装"拉姆"防空导弹发射装置、2 门 MK 46 型 30 毫米机炮和 4 挺 MK 26 型 12.7 毫米机枪。此外，还预留了 2 座八联装 MK 41 导弹垂直发射系统的空间。

# No.44 俄罗斯伊万·格林级登陆舰

| 基本参数 | |
|---|---|
| 满载排水量 | 6600 吨 |
| 长度 | 120 米 |
| 宽度 | 16 米 |
| 吃水 | 3.6 米 |
| 最高航速 | 18 节 |

★ 伊万·格林级登陆舰右舷视角

伊万·格林级登陆舰（Ivan Gren class landing ship）是俄罗斯于21世纪初开始建造的登陆舰，计划建造4艘。

## ● 研发历史

伊万·格林级登陆舰是21世纪以来俄罗斯海军建造的第一种远洋登陆舰，被看作俄罗斯海军再次重视发展大型登陆舰的标志。首舰"伊万·格林"号于2004年12月开工建造，2012年5月下水，2018年6月正式服役。二号舰"彼得·莫尔古诺夫"号于2015年6月开工建造，计划2020年内开始服役。三号舰和四号舰均于2019年4月开工建造，计划2023年开始服役。

伊万·格林级登陆舰艏部视角

## ●船体构造

伊万·格林级登陆舰的舰体前后均设有舱门,之间为供车辆进出艏艉直通的登陆舱。艏舱门为左右开启式,舰艉舱门为起倒式,艏艉舱门均可在海上开启释出登陆载具。上甲板中段设有一个装载区,两舷配有2座起重能力达16吨的大型吊车,可以起吊货物、车辆或是额外的登陆小艇。舰艉有一个比驱逐舰还要大的机库,可以搭载2架卡-29直升机。

伊万·格林级登陆舰进行消磁作业

## ●作战性能

伊万·格林级登陆舰的编制舰员约100人,还可搭载300名海军陆战队员,可运载13辆主战坦克或36辆装甲输送车。此外,该级舰还配有直升机平台和机库,可以携带2架卡-29直升机。伊万·格林级登陆舰的动力装置为2台10D49型柴油发动机,单台功率为7000千瓦。以16节速度航行时,该级舰的续航距离为3500海里。

伊万·格林级登陆舰原计划安装1门AK-176高平两用舰炮和1座AK-630近程防御武器系统,并在舰艏安装2门由"冰雹"多管火箭炮发展而来的双联装122毫米舰载多管火箭炮,以便为登陆部队提供一定的炮火支援。然而,这些设计在建造过程中被取消,自卫武器变为2座AK-630近程防御武器系统、1座AK-630M-2近程防御武器系统和2挺14.5毫米KPV重机枪。

伊万·格林级登陆舰左舷视角

# No.45 英国"海洋"号两栖攻击舰

| 基本参数 | |
|---|---|
| 满载排水量 | 21500 吨 |
| 长度 | 203.4 米 |
| 宽度 | 35 米 |
| 吃水 | 6.5 米 |
| 最高航速 | 18 节 |

★ 航行中的"海洋"号两栖攻击舰

"海洋"号两栖攻击舰（HMS Ocean L12）是英国于20世纪90年代建造的两栖攻击舰，1998年9月开始服役。

## ● 研发历史

"海洋"号两栖攻击舰的设计衍生自英国无敌级航空母舰，但为了最大化降低成本，整体防护性能有一定程度的下降，但仍维持英国海军的舰艇抗沉标准。该舰于1994年5月30日开工建造，1995年10月11日下水，1998年9月30日开始服役。2017年12

"海洋"号两栖攻击舰参加军事演习

月，巴西海军确认购买"海洋"号两栖攻击舰。2018年3月24日，"海洋"号两栖攻击舰正式从英国海军退役，2018年8月25日抵达巴西里约热内卢港，成为巴西海军"大西洋"号两栖突击舰。

第 4 章 两栖舰艇

## ● 船体构造

由于任务需求的不同,无敌级航空母舰的部分设计并没有用在"海洋"号两栖攻击舰上,例如没有滑跃式甲板,岛式上层建筑较小,舷宽也略有不同。"海洋"号两栖攻击舰大量使用商规钢板建造,这种钢板具有良好的低温延展性,施工成本较低。水线以上部位多采用平面造型,能加快施工组装进度,同时有助于减少雷达截面积。舰内划分为 5 个消防区与 3 个核生化防护区。

"海洋"号两栖攻击舰右舷视角

由于"海洋"号两栖攻击舰的航速需求较慢,因此主机从原本无敌级航空母舰的燃气轮机改成 2 台克罗斯利·皮尔斯蒂克 PC2 MK 6 柴油机,最大航速降至 18 节,但燃油消耗的经济性增加不少。由于新主机的排气量比无敌级航空母舰的燃气轮机大幅减少,因此"海洋"号两栖攻击舰只需要一座烟囱,使得排气道设计也大幅简化,增加了不少舰内可用空间。

## ● 作战性能

"海洋"号两栖攻击舰没有设置舰艉的坞舱,但设有舷侧人员及车辆登陆艇(LCVP)。舰内可搭载 40 辆装甲车和 830 名海军陆战队员。舰上甲板强度可操作 CH-47 重型运输直升机,并且具备防热焰能力,能让"海鹞"战斗机在必要时降落,并以轻载状态下垂直起飞。

"海洋"号两栖攻击舰的自卫武器与无敌级航空母舰相差不大,都装有 3 座 Mk 15"密集阵"近程防御武器系统和 4 座双联装 30 毫米高平两用炮。此外,还有 8 挺 M134 机枪和 4 挺 FN MAG 机枪。

"海洋"号两栖攻击舰停泊在港口中

# No.46 英国海神之子级船坞登陆舰

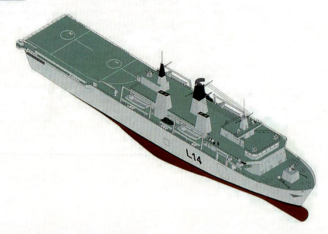

| 基本参数 | |
|---|---|
| 满载排水量 | 19560 吨 |
| 长度 | 176 米 |
| 宽度 | 28.9 米 |
| 吃水 | 7.1 米 |
| 最高航速 | 18 节 |

★ 航行中的海神之子级船坞登陆舰

海神之子级船坞登陆舰（Albion class landing platform dock）是英国于20世纪90年代末设计建造的船坞登陆舰，一共建造了2艘。该级舰是英国海军两栖舰队的旗舰，也是英国海军第一种采用全电推进设计的舰船。

## ● 研发历史

1991年，英国海军决定建造海神之子级船坞登陆舰，以代替2艘现有的两栖船坞登陆舰。"海神之子"的名称源于英国神话中海神波塞冬之子——巨人阿尔比恩（Albion），他勇猛无惧，为世人所敬佩。另外，阿尔比恩也是不列颠岛的古称。海神之子级船坞登陆

海神之子级船坞登陆舰俯视图

舰的建造合同于1996年7月18日签发，1997年11月17日动工建造。首舰"海神之子"号（L14）于2003年6月开始服役，二号舰"堡垒"号（L15）于2004年12月开始服役。

## ●船体构造

海神之子级船坞登陆舰的上层建筑集中布置在舰体前部，主要设置指挥控制舱和医疗救护舱。指挥控制舱在上层建筑的前部，便于瞭望和指挥。医疗救护舱在上层建筑的后部，便于运送伤病员并及时进行抢救。上层建筑后方是两个直升机飞行甲板，能够停放重型战机。飞行甲板之下是陆战队员住舱，陆战队员住舱之下是船坞，船坞之前设有车辆甲板。

★ 海神之子级船坞登陆舰舰艉视角

## ●作战性能

海神之子级船坞登陆舰可以运载405名士兵（超载为710名士兵）、67辆支援车辆、4艘MK 10通用登陆艇或2艘气垫登陆艇、4艘MK 5车辆人员登陆艇，飞行甲板可供3架EH101直升机起降。尽管海神之子级船坞登陆舰的载机数量不多，难以进行强度较大的垂直登陆作战，但其携带有多种登陆装备，除登陆车辆外，还有登陆艇，具有较强的舰到岸平面登陆作战能力。尤其是该舰能接近登陆滩头作战，便于第一波登陆部队抢滩登陆，为后续部队建立稳固的滩头阵地。

海神之子级船坞登陆舰配备了普莱西996型对空/对海搜索雷达、雷卡1008型导航雷达、ADAWS 2000作战数据自动处理系统、英国宇航系统公司SEMA/CS指挥系统等电子设备。海神之子级船坞登陆舰的自卫武器为2门30毫米机炮、4挺7.62毫米机枪，以及2座"守门员"近程防御武器系统。

★ 海神之子级船坞登陆舰右舷视角

# No.47 法国西北风级两栖攻击舰

| 基本参数 | |
|---|---|
| 满载排水量 | 21300 吨 |
| 长度 | 199 米 |
| 宽度 | 32 米 |
| 吃水 | 6.3 米 |
| 最高航速 | 18.8 节 |

★ 航行中的西北风级两栖攻击舰

西北风级两栖攻击舰（Mistral class amphibious assault ship）是法国于20世纪90年代末设计建造的两栖攻击舰，法国海军一共装备了3艘，从2005年服役至今。

## ● 研发历史

为了取代老旧的闪电级船坞登陆舰并健全两栖战力，法国舰艇建造局在1997年展开"多功能两栖攻击舰"计划，打算发展新的多功能两栖攻击舰艇，其成果就是西北风级两栖攻击舰，法国海军一共装备了3艘，首舰于2005年12月开始服役，三号舰于2012年3月开始服役。除法国海军外，埃及海军也购买了2艘西北风级两栖攻击舰。俄罗斯海军原本

★ 西北风级两栖攻击舰艉部视角

也订购了 4 艘，但是 2014 年乌克兰危机发生后，法国宣布不再售予俄罗斯原先订购的西北风级两栖攻击舰。

西北风级两栖攻击舰右舷视角

## ●船体构造

西北风级两栖攻击舰的舰体采用模块化方式建造，可节省建造时间，全舰分为 4 个大型模块船段（前、后、左、右），其中舰体后半部以军用规格建造，前半部则依照民用规格以降低成本。为了增强抵抗战损的能力，西北风级两栖攻击舰采用双层船壳构造，拥有简洁的整体造型，上层建筑与桅杆均为封闭式设计，烟囱整合于后桅杆结构后方，一些部位采用能吸收雷达波的复合材料，降低整体雷达截面积与红外线信号。

## ●作战性能

西北风级两栖攻击舰拥有面积达 6400 平方米的长方形全通式飞行甲板，设有 6 个直升机停机点。该级舰拥有 900 名海军陆战队员的运载空间（远程航行至少可以居住 450 名海军陆战队员），并设有一个 69 张床位的医院。西北风级两栖攻击舰可运载 16 架 NH90 通用直升机或"虎"式武装直升机，以及 59 辆作战车辆（包括 13 辆主战坦克）和 2 艘通用登

西北风级两栖攻击舰左舷视角

陆艇。由于法国已经拥有传统起降航空母舰，所以西北风级两栖攻击舰并没有保留垂直起降战机的操作能力。西北风级两栖攻击舰的自卫武器为 2 座"西北风"防空导弹发射装置，以及 4 挺 12.7 毫米重机枪。

为了有效指挥两栖登陆作战，西北风级两栖攻击舰配备了改良自"戴高乐"号航空母舰的 SENIT-9 作战系统与完善的指管通情装备，包含 HF/VHF/UHF/SHF 等各种通信频道以及 SYRACUSE 卫星通信系统，并与北约海军 Link-11/16/22 数据链兼容。舰上还配备 MRR3D-NG 三维对空／对海搜索雷达、DRBN-38A 导航雷达以及光电射控系统，功能十分完善。西北风级两栖攻击舰拥有舰内网络并广泛使用计算机系统，包括 150 个散布各处的工作站。

# No.48 法国闪电级船坞登陆舰

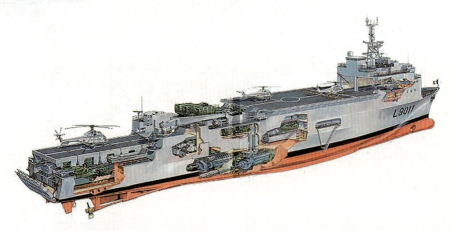

| 基本参数 | |
|---|---|
| 满载排水量 | 12000 吨 |
| 长度 | 168 米 |
| 宽度 | 23.5 米 |
| 吃水 | 5.2 米 |
| 最高航速 | 21 节 |

★ 闪电级船坞登陆舰左舷视角

闪电级船坞登陆舰（Foudre class landing platform dock）是法国于 20 世纪 80 年代末开始建造的船坞登陆舰，一共建造了 2 艘。

## ●研发历史

闪电级船坞登陆舰是暴风级船坞登陆舰的改进型，在用途、装载能力、航速和自卫武器等方面都有较大改进，其主要使命是能运载 1 个机械化步兵团及其装备。闪电级船坞登陆舰一共建造了 2 艘，全部由法国舰艇建造局在布雷斯特的海军造船厂建造。首舰命名为"闪电"号，舷号为

航行中的闪电级船坞登陆舰

L9011，1990年正式服役；二号舰命名为"热风"号，舷号为L9012，1998年正式服役。截至2020年初，闪电级船坞登陆舰仍全部在役。

## ● 船体构造

闪电级船坞登陆舰采用了计算机辅助设计和模块化建造方法，全舰由96个模块构成，每个模块重约80吨。该级舰飞行甲板后端的升降机将坞舱、车辆库及飞行甲板有机地结合在一起，使坞舱根据需要随时可变成直升机库，而飞行甲板也随时可停放大量的车辆。尾端的活动坞舱盖，既可增加直升机起降点，又可在拆除后进行较大吨位舰艇的坞内修理。

闪电级船坞登陆舰艉部视角

## ● 作战性能

闪电级船坞登陆舰有容积达到13000立方米的坞舱，能容纳10艘中型登陆艇，或者1艘机械化登陆艇和4艘中型登陆艇。可移动甲板用于提供车辆停放位或舰载直升机降落操作，可搭载4架"超美洲豹"直升机或2架"超黄蜂"直升机。该级舰还设有面积为500平方米的医院舱室，包括2个设施齐备的手术室和47个床位。

闪电级船坞登陆舰右舷视角

闪电级船坞登陆舰配备了1部DRBV21A"火星"对空/对海搜索雷达、1部雷卡2459型对海搜索雷达、2部"雷卡"RM1229型导航雷达、1部"萨基姆"VIGY-05型光电系统、1部"锡拉库斯"卫星通信指挥系统。闪电级船坞登陆舰的自卫武器为3座"西北风"导弹发射装置、3门30毫米舰炮和4挺12.7毫米重机枪。

# No. 49 西班牙"胡安·卡洛斯一世"号战略投送舰

| 基本参数 | |
|---|---|
| 满载排水量 | 24660 吨 |
| 长度 | 230.82 米 |
| 宽度 | 32 米 |
| 吃水 | 7.07 米 |
| 最高航速 | 21 节 |

航行中的"胡安·卡洛斯一世"号战略投送舰

"胡安·卡洛斯一世"号战略投送舰（Juan Carlos Ⅰ L61）是西班牙自主设计建造的多用途军舰，融合了轻型航空母舰与两栖攻击舰功能，2010年9月开始服役。

## ● 研发历史

为了弥补加里希亚级船坞登陆舰的不足，西班牙海军在2001年提出要建造吨位更大、装载能力和作战能力更强的两栖军舰，并称其为"战略投送舰"（Strategic Projection Ship，SPS）。该舰由西班牙伊萨尔集团（2005年改组为纳万蒂亚公司）负责设计建造，合同于2002年12月签署，2003年9月获得西班牙国防部批准并展开设计工

"胡安·卡洛斯一世"号战略投送舰俯视图

作，2005年5月20日开始切割第一块钢板。该舰原计划于2007年11月下水，2008年12月正式服役，不过实际上在2009年9月22日才下水，并以时任西班牙国王的名字命名为"胡安·卡洛斯一世"号，舷号为L-61。2010年9月30日，该舰正式交付西班牙海军。

## ● 船体构造

"胡安·卡洛斯一世"号战略投送舰采用钢质舰体，航空母舰式的舰岛位于右舷。全通式飞行甲板长202米，宽32米，飞行甲板尺寸略小于英国无敌级航空母舰。飞行甲板上设有2座升降机，其中一座位于舰岛前方，另一座位于飞行甲板末端，这种配置与"阿斯图里亚斯亲王"号航空母舰类似。舰体由上而下分为4层：大型全通飞行甲板层、轻型车库和机库层、船坞和重型车库层、居住层。舰体两侧设有稳定鳍，使舰艇的坞舱在4级海况下仍能进行登陆载具的收放。

"胡安·卡洛斯一世"号战略投送舰舰艏视角

## ● 作战性能

由于西班牙海军现役的AV-8B攻击机的机龄已经偏高，西班牙未来将购买美国的F-35战斗机取而代之，所以"胡安·卡洛斯一世"号战略投送舰的甲板起降设施的规格与强度是配合F-35B战斗机而设计的。为了操作垂直起降机种，该舰的飞行甲板经过强化以承受较大的重量以及喷射热流，甲板前端也装有一段上翘13度的滑跃式甲板。该舰装有4门20毫米厄利空防空机炮与4挺12.7毫米机枪等武器，并且预留了加装防空导弹垂直发射系统或美制"拉姆"短程防空导弹的空间。

"胡安·卡洛斯一世"号战略投送舰的飞行甲板规划有8个直升机起降点（左侧6个，舰岛前后各1个），左侧有4个起降点能操作CH-47等级的重型直升机，而其中一个起降点的长度还足以操作1架美国V-22倾转旋翼机。因此，"胡安·卡洛斯一世"号战略投送舰能同时操作4架CH-47等级的重型直升机或6架NH-90/SH-3等级的中型直升机。

"胡安·卡洛斯一世"号战略投送舰左舷视角

# No.50 日本大隅级坦克登陆舰

| 基本参数 | |
|---|---|
| 满载排水量 | 14000 吨 |
| 长度 | 178 米 |
| 宽度 | 25.8 米 |
| 吃水 | 6 米 |
| 最高航速 | 22 节 |

★ 航行中的大隅级坦克登陆舰

大隅级坦克登陆舰右舷视角

大隅级坦克登陆舰（Ōsumi class tank landing ship）是日本于20世纪90年代后期设计建造的坦克登陆舰，一共建造了3艘。

### ● 研发历史

大隅级坦克登陆舰的设计于1992年提出，1993年获得通过，并于1993年10月与三井重工的玉野造船厂签下首舰的建造合约。日本海上自卫队最初计划建造 6 艘，分成两批各 3 艘，不过只建造了第一批 3 艘。首舰"大隅"号（LST4001）于 1996 年 11 月 18 日下水，1998 年 3 月开始服役。二号舰"下北"号（LST4002）于 2000 年 11 月下水，2002 年 3 月开始服役。三号舰"国东"号（LST4003）于 2001 年 12 月下水，2003 年 2 月开始服役。截至 2020 年初，大隅级坦克登陆舰仍全部在役。

## • 船体构造

大隅级坦克登陆舰采用隐形设计，没有前开门，主要搭载直升机和气垫登陆艇。主舰体横断面呈 V 形，舰艏有较大的前倾斜度，两舷外飘。上层建筑呈倒 V 形结构，采用向内倾斜角度。这些举措将有助于减小雷达反射波强度，以取得较好的隐形效果。

大隅级坦克登陆舰舍弃了日本造船界偏好的传统式四角格子桅，改采

大隅级坦克登陆舰左舷视角

向上渐缩的合金制全密封式主桅，能降低雷达截面积。由于主桅内部常有人上下进出，因此主桅上雷达位置的后方都装有电磁防护装甲，以维护人员的健康。

大隅级坦克登陆舰俯视图

## • 作战性能

大隅级坦克登陆舰可运载 330 名登陆士兵、10 辆 90 式主战坦克（或 1400 吨物资）、2 艘气垫登陆艇。升降机可起降中型直升机，甲板可临时停放 2 架中型直升机。大隅级坦克登陆舰的使用突破了日本海上自卫队以往登陆舰单一的抢滩登陆模式，它既可凭借气垫登陆艇抢滩登陆，又可以借助舰载直升机实施垂直登陆。不过，大隅级坦克登陆舰没有高强度航空器操作能力，没有与两栖突击舰或航空母舰同级的航空管制、战役指挥等能力。

大隅级坦克登陆舰配备了 OPS-14C 对空搜索雷达、OPS-28D 海面搜索雷达、OPS-20 导航雷达等电子设备。大隅级坦克登陆舰的自卫武器为 2 座"密集阵"近程防御武器系统、4 座 MK 137 雷达干扰弹发射器和 2 挺 12.7 毫米重机枪。

# No.51 韩国独岛级两栖攻击舰

| 基本参数 | |
|---|---|
| 满载排水量 | 18800 吨 |
| 长度 | 199 米 |
| 宽度 | 31 米 |
| 吃水 | 7 米 |
| 最高航速 | 23 节 |

★ 独岛级两栖攻击舰俯视图

独岛级两栖攻击舰（Dokdo class amphibious assault ship）是韩国设计建造的两栖攻击舰，计划建造2艘，首舰于2007年开始服役。

## • 研发历史

20世纪90年代，韩国开始大力扩充海军力量，除了备受瞩目的KDX-1/2/3驱逐舰以及获得德国授权生产的209级与214级常规动力潜艇之外，还有被命名为LP-X的大型两栖直升机攻击舰，即独岛级两栖攻击舰。该级舰原计划建造3艘，后来有1艘被取消

独岛级两栖攻击舰左舷视角

建造。首舰"独岛"号于2002年10月开工，2005年7月下水，2007年7月正式服役，目前是韩国海军的旗舰。二号舰命名为"马罗岛"号，2018年5月下水，计划2020年内正式服役。

独岛级两栖攻击舰艉部视角

## • 船体构造

独岛级两栖攻击舰拥有类似美国塔拉瓦级两栖攻击舰、黄蜂级两栖攻击舰类似的构型，都采用类似航空母舰的长方形全通式飞行甲板以及位于侧舷的舰岛，并设有可装载登陆载具的舰内坞舱，登陆载具由舰艉的大型闸门进出。不过相较于前述两种美国两栖攻击舰，独岛级两栖攻击舰的尺寸与吨位明显小得多。

独岛级两栖攻击舰的水线面积颇大，舰艏部位略带弧状，使其具备良好的压浪性，在恶劣海况下能减轻舰体的摇晃。该级舰采用钢质舰体，舰体下部各舱房互不相通，各自独立。为了提高生存性，独岛级两栖攻击舰在许多重要部位都加装了钢质装甲，舰内划分为5个火灾防护区域与3个核生化防护区域。

## • 作战性能

独岛级两栖攻击舰可以搭载10架中/大型运输直升机，其飞行甲板长179米，宽31米，飞行甲板的一侧共有5个直升机起降点，可同时供5架直升机起降操作，舰岛后方另有2个直升机停放点。机库能容纳10架SH-60直升机（或EH-101等级的直升机），并进行各类维护作业。该级舰配备了两种自卫武器，一种是荷兰"守门员"近程防御武器系统（共有2座），另一种是美国"拉姆"短程防空导弹发射装置（共有1座）。

独岛级两栖攻击舰的舰内坞舱长26.5米，宽14.8米，可容纳2艘气垫登陆艇或12辆两栖突击车（AAAV）。该级舰可搭载720名全副武装的海军陆战队员，并可携带登陆所需的装备与物资，包括主战坦克、装甲车、炮兵武器与弹药等。

航行中的独岛级两栖攻击舰

# No.52 韩国天王峰级坦克登陆舰

| 基本参数 | |
|---|---|
| 满载排水量 | 7140 吨 |
| 长度 | 126.9 米 |
| 宽度 | 19.4 米 |
| 吃水 | 5.4 米 |
| 最高航速 | 23 节 |

★ 天王峰级坦克登陆舰俯视图

天王峰级坦克登陆舰（Cheon Wang Bong class tank landing ship）是韩国于21世纪初开始建造的坦克登陆舰，一共建造了4艘。

## ● 研发历史

2007年，韩国军方公布了下一代坦克登陆舰天王峰级的建造计划并展示了该级舰的模型。韩国海军计划建造4艘天王峰级坦克登陆舰，以取代高峻峰级坦克登陆舰，与"独岛"号两栖攻击舰组成韩国海军的两栖投送力量，用于执行两栖登陆、岛礁补给、海上反恐、灾害救助等战争和非战争军事行动任务。

天王峰级坦克登陆舰左舷视角

首舰"天王峰"号（LST-686）于2013年9月下水，2014年12月服役；二号舰"天子峰"号（LST-687）于2015年12月下水，2016年服役；三号舰"日出峰"号（LST-688）于2018年4月服役；四号舰"露积峰"号（LST-689）于2018年11月服役。

★ 航行中的天王峰级坦克登陆舰

● **船体构造**

天王峰级坦克登陆舰采用当下大型登陆舰流行的高干舷、小长宽比单体舰型，甲板以上可分为三个部分：舰艏甲板、上层建筑和直升机甲板。上层建筑集中布置在舰体中部，从前向后依次布置了驾驶室、人员居住舱和直升机机库。救生艇放在上层建筑内部并设有横向开闭式金属门。上层建筑顶部设有桅杆、通信设施和烟囱等。宽阔的直升机甲板设置在上层建筑后方，长度约占舰体总长度的三分之一，可同时起降2架中型直升机。直升机甲板下方设置了坞舱及相应设施，可搭载小型人员登陆艇，两栖作战车辆也需经过坞舱进行登陆作战。

天王峰级坦克登陆舰采用有利于降低中低航速航行时兴波阻力的撞角形球鼻艏。球鼻艏后方设有一部侧推进器，有助于增强该级舰的操作性能和机动能力。舰体水线中部设有一对舭龙骨以改善横摇性能。为了保证艉部坞舱的横向布置空间，舰艉水线以下线型采用了平缓收起设计。作为两栖作战舰只，天王峰级坦克登陆舰对航速要求不高，所以选择动力系统时主要考虑经济性，因此没有选择追求高速的全燃或柴燃联合动力，而是采用了全柴联合动力。

● **作战性能**

天王峰级坦克登陆舰可搭载700名登陆士兵以及近1000吨的物资。主甲板下方的主装载区可搭载13辆主战坦克或装甲车辆，舰桥前方的甲板搭载了2艘机械化登陆艇。天王峰级坦克登陆舰还具有较强的航空操作能力，其机库可搭载2架中型直升机，飞行甲板可同时起降2架直升机。紧急情况下，可在飞行甲板多搭载2架直升机。

天王峰级坦克登陆舰右舷视角

天王峰级坦克登陆舰的舰艏安装了1座双联装"露峰"40毫米速射炮，最大射速为600发/分，主要用于防空和反舰作战，可使用破甲弹、杀爆榴弹等弹种，炮口初速1005米/秒，对水面舰艇的最大射程达12千米，对空达4千米。天王峰级坦克登陆舰还可以根据需要增加12.7毫米重机枪，用于低威胁环境下对付小型水面舰艇。

# 第 5 章
# 勤务舰艇

勤务舰艇是担负战斗保障、后勤保障和技术保障任务的舰船的统称，包括运输舰、补给舰、医院船等。勤务舰艇装有适应不同用途的装置和设备，有的还装备有自卫武器。

## No.53 美国萨克拉门托级快速战斗支援舰

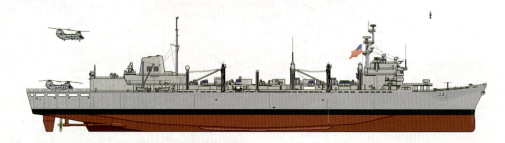

| 基本参数 | |
|---|---|
| 满载排水量 | 53000 吨 |
| 长度 | 242.3 米 |
| 宽度 | 32.6 米 |
| 吃水 | 11.9 米 |
| 最高航速 | 26 节 |

★ 萨克拉门托级快速战斗支援舰右舷视角

萨克拉门托级快速战斗支援舰（Sacramento class fast combat support ship）是美国于20世纪60年代建造的快速战斗支援舰，一共建造了4艘。

### ● 研发历史

1957年，时任美国海军作战部长阿利·伯克在由他亲自主持的海军航行补给会议上，正式提出设计建造"一站式补给舰"以及研制一种从补给舰的货舱、油舱到接收舰的弹药舱、干货舱和油舱之间的自动化航行补给系统。在阿利·伯克的直接推动和主持下，萨克拉门托级快速战斗支援舰诞生了。

航行中的萨克拉门托级快速战斗支援舰

美国海军原本打算建造5艘同级舰，但由于造价和操作费用太高，所以五号舰计划被迫取消。

首舰"萨克拉门托"号（T-AOE-1）于1961年6月30日开工建造，1963年9月14日下水，1964年3月14日服役。二号舰"坎登"号（T-AOE-2）于1964年2月17日开工建造,1965 年 5 月 29 日下水,1967 年 4 月 1 日服役。三号舰"西雅图"号(T-AOE-3)于 1965 年 10 月 1 日开工建造,1968 年 3 月 2 日下水,1969 年 4 月 5 日服役。四号舰"底特律"号(T-AOE-4)于 1966 年 11 月 29 日开工建造,1969 年 6 月 21 日下水,1970 年 3 月 28 日服役。"萨克拉门托"号于 2004 年退役,其他各舰则于 2005 年退役。

## •船体构造

萨克拉门托级快速战斗支援舰采用平甲板舰型,货舱、弹药舱及油舱均设在露天甲板以下。露天甲板以上部分大致分为 5 段:最前面是舰艏区,安装有防卫作战武器;舰艉为直升机平台,可搭载 2 架 CH-46"海骑士"直升机;在舰艏区之后和舰艉直升机平台之前,是前后两段上层建筑,驾驶室、军官居住舱以及

萨克拉门托级快速战斗支援舰艉部视角

医院等设在前部上层建筑内,布满雷达天线和其他天线的主桅杆紧跟其后;士兵居住舱、火控室和直升机库等设在后部上层建筑内;烟囱位于后部上层建筑的前面稍靠右侧。舰舯部是补给作业区,有 6 个大型补给门架,配备有多种先进的航行补给系统,设有多达 15 个干货和液货补给站,左右两舷可同时对两侧的作战舰艇实施航行补给。

## •作战性能

萨克拉门托级快速战斗支援舰上共设 15 个补给站,其中左舷 9 个(4 个液货补给站,2 个导弹补给站和 3 个杂货补给站),右舷 6 个(2 个液货补给站和 4 个干货补给站)。此外还有 3 个双软管燃油接受站,5 个单软管燃油接受站。有的补给站采用双软管双探头加油系统,可同时向航空母舰传送船用油和航空用油。船上配置 2 座 5 吨起重机,1 座 15 吨起重机。

担任油船角色时,萨克拉门托级快速战斗支援舰能运载 1968 万升舰用油和 1022 万升航空用油,每年输送给其他舰艇的燃油大约 22712 万升;担任军火船角色时,该级舰能在 4 小时内为一艘航空母舰补充其所需的全部军械,并且还为导弹巡洋舰和驱逐舰运载各种导弹、弹药等,满载时最多可载 6000 吨;担任冷藏运输舰角色时,该级舰最多可装载 1000 吨冷冻食品或干货。此外,该级舰在一次部署期间可向海上部队转运重约 45.3 吨的邮件。

萨克拉门托级快速战斗支援舰为尼米兹级航空母舰补给

# No.54 美国供应级快速战斗支援舰

| 基本参数 | |
|---|---|
| 满载排水量 | 49600 吨 |
| 长度 | 229.8 米 |
| 宽度 | 32.6 米 |
| 吃水 | 11.9 米 |
| 最高航速 | 25 节 |

★ 航行中的供应级快速战斗支援舰

供应级快速战斗支援舰（Supply class fast combat support ship）是美国在萨克拉门托级基础上改进而来的快速战斗支援舰，一共建造了4艘。

## ● 研发历史

20世纪80年代初，为加强舰队航行补给能力，美国开始研制新一级快速战斗支援舰，即供应级。该级舰于1981年12月开始可行性研究，1984年12月完成合同设计。美国海军原计划装备11艘供应级快速战斗支援舰，最终只装备了4艘。

供应级快速战斗支援舰艉部视角

首舰"供应"号（T-AOE-6）于1989年2月开工建造，1994年2月服役。二号舰"雷尼尔"号（T-AOE-7）于1990年5月开工建造，1995年1月服役。三号舰"北极"号（T-AOE-8）于1991年12月开工建造，1995

年9月服役。四号舰"布里奇"号（T-AOE-10）于1994年8月开工建造，1998年8月服役。2001~2004年间，供应级快速战斗支援舰逐渐从美国海军移交给了军事海运司令部，由民间雇员操作。截至2020年初，该级舰仍有2艘在役。

## ●船体构造

供应级快速战斗支援舰的排水量小于萨克拉门托级快速战斗支援舰，采用全焊接平甲板舰型，斜艏柱带球鼻艏，方艉。上层建筑分设在舰体前部、后部，补给装置设置在舰体舯部，艉部有直升机甲板和机库。供应级快速战斗支援舰的航行能力与作战舰艇基本相当，其动力装置为4台通用电气LM2500燃气轮机，总功率达到73550千瓦。所以，供应级快速战斗支援舰不会对航空母舰战斗群的战术机动速度造成影响。

供应级快速战斗支援舰艏部视角

供应级快速战斗支援舰右舷视角

## ●作战性能

供应级快速战斗支援舰上设有6个补给站，干、液货各半。补给装置采用标准横向补给系统，补给速度快，补给量大，通常能在4~6级海情下补给，工作效率高。舰上配有4座10吨吊车和2座升降机，用以从储藏室向补给站提升货物。此外，还有2个垂直补给站，配3架直升机。供应级快速战斗支援舰可以装载超过7000吨船用燃油、9000吨航空燃油、200吨润滑油、1800吨弹药、400吨冷藏食品和90吨淡水，另外，还有9000立方米空间可根据情况装载船用燃油或航空燃油。这样，总货物装载量可达26000吨。

供应级快速战斗支援舰拥有较强的防御火力，其自卫武器为1座八联装MK 29北约"海麻雀"防空导弹发射装置、2座Mk 15"密集阵"近程防御武器系统、2门25毫米舰炮和4挺12.7毫米重机枪。

# No.55 美国威奇塔级综合补给舰

| 基本参数 | |
|---|---|
| 满载排水量 | 40151 吨 |
| 长度 | 201 米 |
| 宽度 | 29 米 |
| 吃水 | 10.6 米 |
| 最高航速 | 20 节 |

★ 航行中的威奇塔级综合补给舰

威奇塔级综合补给舰（Wichita class replenishment oiler）是美国于20世纪60年代后期建造的综合补给舰，主要用于向航空母舰战斗编队或舰船供应正常执勤所需的燃油、航空燃油、弹药、食品、备件等各种补给品。

## ● 研发历史

二战时期，德国没有海外基地，海军在北大西洋的活动完全依靠货船和油轮支持。为了更好地支持在外海进行破交作战的各种军舰，德国设计了一种专用补给舰，即帝斯玛森级补给舰。该级舰一共建造了5艘，其中有2艘在战争中幸存，战后分别被移交给美国和英国。美国接收后

威奇塔级综合补给舰俯视图

将其改名为"柯尼卡"号，编入试验舰队，对它的性能进行详细评估。美国海军对该舰的补给能力大为赞赏，并据此提出了"一站式补给"的新概念。之后，诞生了快速战斗支援舰（AOE）

和综合补给舰（AOR）两种设计，后者就是威奇塔级。

威奇塔级综合补给舰一共建造了7艘，首舰"威奇塔"号（AOR-1）于1966年6月开工建造，1968年3月下水，1969年6月服役。七号舰"罗诺克"号（AOR-7）于1974年1月开工建造，1974年12月下水，1976年10月服役。由于航速和电子设备标准降低，所以威奇塔级综合补给舰的造价比萨克拉门托级快速战斗支援舰降低不少。从1993年开始，威奇塔级逐渐开始退役，到1996年时全部同级舰退役完毕。

## ●船体构造

威奇塔级综合补给舰艉部视角

威奇塔级综合补给舰和萨克拉门托级快速战斗支援舰在外形上没有太大区别，一前一后布置的两部分上层建筑，舰体舯部设置干液货补给门架。不过，威奇塔级综合补给舰的舰型更加丰满，使其能够以更小的舰体装载大量的物资。舰艉甲板架高并设有直升机平台，后期在后部上层建筑后方增设可以搭载2架CH-46直升机的机库。威奇塔级综合补给舰的动力装置为2台蒸汽轮机和3台锅炉。

## ●作战性能

虽然威奇塔级综合补给舰的吨位有所减小，但它仍然可以搭载16000吨燃油、600吨弹药、200吨各种干货物资，以及100吨冷冻食品。"威奇塔"号曾经在24小时内给23艘舰艇进行了补给，创下一天内补给舰只最多的纪录，并因此获得了武装部队远征奖章。

威奇塔级综合补给舰右舷视角

威奇塔级综合补给舰的自卫武器最初是2座双联装MK 33型76毫米高平两用舰炮，在后期改造中被2座"密集阵"近程防御武器系统和1座MK 29北约"海麻雀"防空导弹发射装置所取代。

# No.56 美国亨利·J.凯撒级补给油船

| 基本参数 | |
|---|---|
| 满载排水量 | 31200 吨 |
| 长度 | 206.7 米 |
| 宽度 | 29.7 米 |
| 吃水 | 10.5 米 |
| 最高航速 | 20 节 |

★ 亨利·J.凯撒级补给油船右舷视角

亨利·J.凯撒级补给油船（Henry J. Kaiser class replenishment oiler）是美国于20世纪80年代设计建造的补给油船，一共建造了16艘。

## ●研发历史

1982年11月，为了能从基地港口到舰队间穿梭支援航空母舰战斗群，并向萨克拉门托级和供应级快速战斗支援舰进行再补给，美国海军与阿冯达尔船厂签订了亨利·J.凯撒级补给油船的建造合同。首舰"亨利·J.凯撒"号（T-AO-187）于1984年8月开工建

亨利·J.凯撒级补给油船俯视图

造，1985 年 10 月下水，1986 年 12 月服役。该级舰原计划建造 18 艘，实际建成 16 艘，建造工作于 1996 年 5 月完成。截至 2020 年初，仍有 15 艘亨利·J.凯撒级补给油船在美国海军服役，另有 1 艘在智利海军服役。

亨利·J.凯撒级补给油船艉部视角

## •船体构造

亨利·J.凯撒级补给油船按照商用油轮标准设计。斜艏柱带有球鼻艏，方艉，有艏楼，两层连续甲板，由 13 个主舱壁横向分隔。海上航行补给用绞车均设置在主甲板上，船上大部分货舱装载燃油，只在艏楼后端有一个小干货舱。上层建筑设在后部，桥楼、居住舱室、机舱均布置在后部，艉部有直升机甲板，没有机库，船上不带直升机。

## •作战性能

亨利·J.凯撒级补给油船的补给装置设在船体舯部，有 5 个燃油补给站，2 个干货补给站。柴油的补给速度为 3406 立方米 / 小时，汽轮机燃料油的补给速度为 2044 立方米 / 小时。

亨利·J.凯撒级补给油船的动力装置为 2 台柴油发动机，单台功率为 12000 千瓦。亨利·J.凯撒级补给油船在和平时期没有安装自卫武器，战时可加装 2 座"密集阵"近程防御武器系统。

亨利·J·凯撒级补给油船（右）为阿利·伯克级驱逐舰（左）补给

# No.57 美国沃森级车辆运输舰

| 基本参数 | |
|---|---|
| 满载排水量 | 63649 吨 |
| 长度 | 289.6 米 |
| 宽度 | 32.8 米 |
| 吃水 | 10.4 米 |
| 最高航速 | 24 节 |

航行中的沃森级车辆运输舰

沃森级车辆运输舰（Watson class vehicle cargo ship）是美国于20世纪90年代初建造的车辆运输舰，也被称为战略预置舰。该级舰能将陆军及海军陆战队的重武器预先装载于舰上，在遭遇突发事件时能够以最快速度向高危地区投送重型武器。

● 研发历史

美国军事海运司令部将所辖的数级滚装运输舰统称为大型中速滚装船（Large, Medium-Speed Roll-on/Roll-off，缩写LMSR），包括沃森级（8艘）、鲍勃·霍普级（7艘）、戈登级（2艘）和舒哈特级（3艘）。沃森级车辆运输舰的首舰"沃森"号（T-AKR-310）于

停泊在港口中的沃森级车辆运输舰

1997年7月26日下水，1998年6月23日开始服役。八号舰"索德曼"号（T-AKR-317）于2002年4月26日下水，2002年9月24日开始服役。

与民用商船改装而成的戈登级和舒哈特级车辆运输舰不同，沃森级车辆运输舰是专门建造的车辆运输舰。该级舰可执行战略预置任务，也可为美军在全球的快速展开提供装备运输能力，保障美军在应付全球突发事件时重新部署。截至2020年初，沃森级车辆运输舰仍全部在役。

沃森级车辆运输舰艉部视角

### ● 船体构造

为了争取战略运输的速度，沃森级车辆运输舰的舰体规模以能通过巴拿马运河的上限为准，使其在太平洋、大西洋之间调度时不需千里迢迢绕过整个南美洲。该级舰也是全世界能通过巴拿马运河的最大船只。舰上的车辆甲板为驶进/驶出（滚装）形式，由两舷的大型动力舱板或者位于舰艉的大型动力式伸展浮桥直接驶进/驶出船舱，后者称为改良型海军驳运系统（Improved Navy Lighterage System, INLS），大大地增加了装卸的速度，能在基础设施匮乏的港口进行快速装卸。舰舯甲板还有4座举升能力达57吨的大型起重机来进行物资装卸，是目前美国战略预置舰的标准装备，用于吊送/装卸货物，在三级海况下依旧能够作业。

沃森级车辆运输舰上的货舱设有环境控制系统、灭火系统以及排水系统，此外还有倾斜控制系统，能抵消舰内货物放置而造成的重心改变，以维持舰身的平衡与稳定性。舰上的起居设施包括交谊区、娱乐区、洗衣间等，并设有工厂以及舰上医院。由于是军事海运司令部的船只，沃森级车辆运输舰平时并不配备任何武装。

### ● 作战性能

沃森级车辆运输舰拥有高达395000平方米的可用货舱甲板面积，总共可承载13000吨的物资，包括陆军重装师的主战坦克以及直升机等，舰上另可载运300名士兵。沃森级车辆运输舰能够运送一个满编的美国陆军特遣部队，包括58辆主战坦克、48辆履带式车辆、900多辆卡车和其他轮式车辆。

沃森级车辆运输舰艏部视角

沃森级车辆运输舰的动力装置为2台通用电气LM2500燃气轮机，各可输出23536千瓦，带动双轴可变距螺旋桨，以90%功率运作时可达到24节的航速，并能以这个速度持续航行12000海里。此外，沃森级车辆运输舰还设有一具舰艏推进器，用于维持舰体稳定性并增加低速灵活度。

# No.58 美国先锋级远征快速运输舰

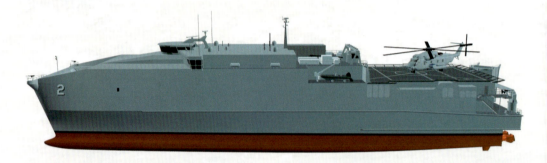

| 基本参数 | |
|---|---|
| 满载排水量 | 2362 吨 |
| 长度 | 103 米 |
| 宽度 | 28.5 米 |
| 吃水 | 3.8 米 |
| 最高航速 | 43 节 |

★ 航行中的先锋级远征快速运输舰

先锋级远征快速运输舰（Spearhead class expeditionary fast transport）是美国海军主导的一个造船项目，其主要作用是在全球范围内执行运输部队、军用车辆、货物和设备的任务。

### ● 研发历史

先锋级远征快速运输舰最初被称为"联合高速船"（Joint High Speed Vessel, JHSV）。2010年7月22日，奥斯塔美国公司为首艘先锋级远征快速运输舰举行了龙骨铺设仪式。首舰"先锋"号于2011年9月12日下水，2012年12月5日开始服役。按照计划，美国海军将装备14艘先锋级远征快速运输舰。截至2020年初，先锋级远征快速运输舰已有11艘建成服役，分别是"先锋"号（T-EPF-1）、"乔克托镇"号（T-EPF-2）、"米利诺

先锋级远征快速运输舰及其搭载的直升机

基特"号（T-EPF-3）、"福尔里弗"号（T-EPF-4）、"特伦顿"号（T-EPF-5）、"不伦瑞克"号（T-EPF-6）、"卡森城"号（T-EPF-7）、"尤马"号（T-EPF-8）、"俾斯麦城"号（T-EPF-9）、"柏林顿"号（T-EPF-10）和"波多黎各"号（T-EPF-11）。

## ●船体构造

先锋级远征快速运输舰采用铝合金双体船设计，舰上设有飞行甲板和辅助降落设备，可供直升机全天候起降。该舰还装有完善的滚装登陆设备，M1"艾布拉姆斯"主战坦克可从船上直接登陆作战。不仅如此，舰上还拥有先进的通讯、导航和武器系统，可满足不同的任务需要。

先锋级远征快速运输舰俯视图

## ●作战性能

先锋级远征快速运输舰能够运送600吨物资并以35节的航速航行1200海里，也能在吃水较浅的港口和航道工作；既可搭载部队和装备执行军事任务，又能在濒海区执行人道主义任务。不过，美国军方后续作战试验表明，先锋级远征快速运输舰虽然适合常规操作，但在一些特定任务中仍存在局限性，不

先锋级远征快速运输舰艉部视角

能有效操作。据悉，先锋级远征快速运输舰只有在海浪高度小于0.1米的海况（接近1级波浪）下才能进行车辆运输作业，而这种情况只存在于有屏障的港口。

# No.59 美国仁慈级医院船

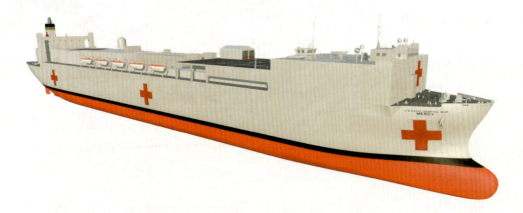

| 基本参数 | |
|---|---|
| 满载排水量 | 69360 吨 |
| 长度 | 272.5 米 |
| 宽度 | 32.18 米 |
| 吃水 | 10 米 |
| 最高航速 | 17.5 节 |

★ 航行中的仁慈级医院船

仁慈级医院船（Mercy class hospital ship）是美国于20世纪70年代建造的医院船，一共建造了2艘。

## • 研发历史

1974年，美国海军"圣殿"号医院船退出现役。围绕着新医院船的建造问题，美国有关当局一直争论不休，直到1983年，才相继购置了"价值"号、"玫瑰红"号油轮，先后改装为医院船，命名为"仁慈"号（T-AH-19）和"舒适"号（T-AH-20），统称为仁慈级医

仁慈级医院船右舷视角

院船。两舰均于1986年11月正式服役。

仁慈级医院船舷部视角

## ● 船体构造

仁慈级医院船共有8层甲板，上层建筑位于船艏和船艉。最上层为直升机甲板，空运来的病人通过甲板前端的电梯下送到主甲板上的伤员收容室，从海上运来的病人则从主甲板下的第一平台甲板由电梯送至主甲板。

仁慈级医院船的医疗设施完善，设有伤员接收分类区、复苏室、手术室、病房、化验室、放射科和药房等7个主要区域或部门，并有血库、牙医室、理疗中心等。伤员接收分类区位于主甲板、船艉部直升机平台的下方，设5个舱室，共50个床位，伤病员在此得到初步分类和急救处理。复苏室位于主甲板，内设监护控制中心、治疗室、护士办公室和贮藏室等。手术区位于主甲板中部以减轻摇摆，由12个手术室组成。病房分布在主甲板的后部及主甲板以下的舱室，包括特别护理病室、重伤室、轻伤室、普通病室和康复室，共设病床1000张。化验室设中心化验室和急诊化验室，中心化验室主要负责采集和处理各种检验标本，进行生化、病理和细菌学检验；急诊化验室能迅速提供分类区和手术区所需的报告结果。放射科设有4间X光室，配3台自动的和1台人工操作的信息处理机。药房设在上甲板，医药分散布放在各治疗区的贮藏室，以减少供应药品的调动。

## ● 作战性能

仁慈级医院船的医疗设施先进而齐全，船上配备医务人员1207名，其中高级医官9名，此外还有船务人员68名。平时，船上只留少数人员值勤，一旦接到命令，5天内就可完成医疗设备的配置和检修，并装载所需物资和15天的给养，同时配齐各级医务人员。

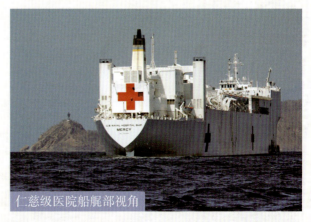

仁慈级医院船艉部视角

为进行船上医疗保证，仁慈级医院船设有1个设施完整的牙科室、1个血库、1个理疗和验光配镜中心、4台淡化水装置（每台每天可产蒸馏水28400立方米）、500个氧气瓶和1台每小时能制取181.4千克液氧的发生器。

# No.60 苏联／俄罗斯 鲍里斯·奇利金级补给油船

| 基本参数 | |
| --- | --- |
| 满载排水量 | 22460 吨 |
| 长度 | 162.5 米 |
| 宽度 | 21.51 米 |
| 吃水 | 9.04 米 |
| 最高航速 | 16 节 |

★ 鲍里斯·奇利金级补给油船左舷视角

鲍里斯·奇利金级补给油船（Boris Chilikin class replenishment oiler）是苏联于 20 世纪 70 年代建造的舰队补给油船，一共建造了 6 艘。

● 研发历史

20 世纪 60 年代，苏联计划建造一种功能强大的油料补给舰，以便苏联海军舰队能够进行远洋作战。战术技术任务书于 1967 年下达，工程代号为 1559B 项目，其结果就是鲍里斯·奇利金级补给油船。虽然名为"油船"，但从实际用途和所载

鲍里斯·奇利金级补给油船右舷视角

物资来看，已属于综合补给舰。

　　鲍里斯·奇利金级补给油船是由民用的十月革命级油船改装而来，苏联一共改装了6艘，分别是"鲍里斯·奇利金"号、"鲍里斯·布托马"号、"德涅斯特河"号、"金里奇·加萨诺夫"号、"伊万·布波诺夫"号和"符拉基米尔·科列奇特斯基"号。截至2020年初，该级舰仍有3艘在俄罗斯海军服役。

鲍里斯·奇利金级补给油船艉部视角

## ●船体构造

　　鲍里斯·奇利金级补给油船的标准排水量为8700吨，满载排水量为22460吨。上层建筑位于船体艉部，补给装置在船体舯部，前后共有3座补给门桥。该级舰没有直升机甲板，因此无法进行垂直补给。从涂装上看，鲍里斯·奇利金级补给油船带有很强烈的民用色彩。

## ●作战性能

　　鲍里斯·奇利金级补给油船的自持力为90天，可装运补给物资13220吨，主要为液货，包括8250吨普通燃油、2050吨柴油、1000吨航空燃油、1000吨饮用水、450吨锅炉用水和250吨润滑油。此外，还可装运220吨干货和食物。由于鲍里斯·奇利金级补给油船不是专门建造的军用辅助舰艇，而是由民用油船改装而来，加上服役时间较长，其性能已跟不上俄罗斯海军的补给需要，但由于经费限制，该级舰不得不继续服役。

　　鲍里斯·奇利金级补给油船的动力装置为1台7060千瓦的柴油发动机，最高航速为16节，这个航速比不上美国同类船只，无疑会影响整个舰队的补给速度。不过，该级舰有着较强的巡航力，在航速为12节时，续航距离可达10000海里。鲍里斯·奇利金级补给油船的自卫武器为2门AK-725型57毫米舰炮，以及2座六管SU MR-103型30毫米机关炮。

航行中的鲍里斯·奇利金级补给油船

# No.61 英国维多利亚堡级综合补给舰

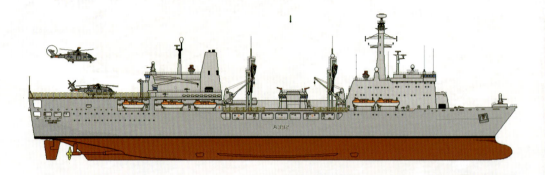

| 基本参数 | |
|---|---|
| 满载排水量 | 32818 吨 |
| 长度 | 203 米 |
| 宽度 | 30 米 |
| 吃水 | 10 米 |
| 最高航速 | 20 节 |

★ 维多利亚堡级综合补给舰左舷视角

维多利亚堡级综合补给舰（Fort Victoria class replenishment oiler）是英国于20世纪80年代设计建造的综合补给舰，一共建造了2艘。

## ● 研发历史

1982年，英国与阿根廷在南大西洋爆发了马岛海战，战争中英国海军的远洋后勤支援能力经受了严峻考验。战争结束后，英国对兼具燃油、弹药补给能力的综合补给舰有了更为深刻的认识。为建立一支能在21世纪初配合42型驱逐舰、45型和23型护卫舰一起活动的后勤支援舰队，英国决定仿效美国、法国、意大利等国的综合补给舰概念，建造一级新补给船。

维多利亚堡级综合补给舰舰艏部视角

第 5 章　勤务舰艇

1983 年，斯旺·亨特造船公司开始进行初步设计研究。英国国防部于 1985 年 10 月选定最终设计，1986 年 4 月与哈兰·沃尔夫船厂签订首舰"维多利亚堡"号（A387）的建造合同，1988 年 1 月又与斯旺·亨特造船公司签订二号舰"乔治堡"号（A388）的建造合同。"维多利亚堡"号在建造期间遭到损坏，服役时间被推迟到 1994 年 6 月，截至 2020 年初仍然在役。"乔治堡"号则于 1993 年 7 月开始服役，2011 年 4 月退出现役。

## •船体构造

维多利亚堡级综合补给舰的舰体为全焊接钢制结构，斜艏柱带球鼻艏，方艉，二层连续甲板，主甲板以下由 15 个横舱壁隔开。完整的双层底用以装载柴油、淡水、压载水等。前、后分开的两个上层建筑都具有内倾斜的侧面，以减少雷达信号特征。艉部有直升机平台和机库，机库可

维多利亚堡级综合补给舰艉部视角

容 3 架直升机，备有直升机维修设备，可接受护卫舰群的直升机，对其进行维修服务。直升机平台有 2 个直升机降落区，可同时操作 2 架直升机，并可为"海鹞"垂直 / 短距起降战机提供着降设施。机库顶部右舷有直升机控制站。

## •作战性能

维多利亚堡级综合补给舰的补给装置设在前、后上层建筑之间，舯部设 2 个补给门架，左右舷共 4 个干、液货双用横向补给站，艉部飞行甲板下面有 1 个纵向补给站，可补给燃油。艉部直升机平台可进行垂直补给。该级舰有 1 座 25 吨起重机、2 座 10 吨起重机和 2 座 5 吨起重机。25 吨起重机在机库右舷，用以为直升机服务，10 吨和 5 吨起重机设在补给甲板两舷前后。

航行中的维多利亚堡级综合补给舰

维多利亚堡级综合补给舰共有 12505 立方米的空间用于装载液货（燃油、润滑油、淡水等），共有 6234 立方米的空间用于装载干货、冻货、弹药等。除执行海上补给和直升机维修任务外，维多利亚堡级综合补给舰还具有执行自然灾害救援、防御布雷和提供基地后勤支援等多种任务的能力。

# No.62 法国迪朗斯级综合补给舰

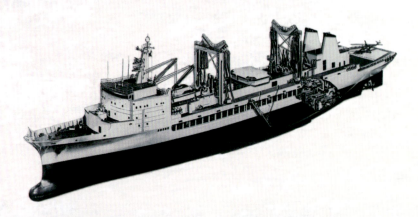

| 基本参数 | |
|---|---|
| 满载排水量 | 17800 吨 |
| 长度 | 157.2 米 |
| 宽度 | 21.2 米 |
| 吃水 | 10.8 米 |
| 最高航速 | 19 节 |

★ 航行中的迪朗斯级综合补给舰

迪朗斯级综合补给舰（Durance class replenishment oiler）是法国于20世纪70年代设计建造的综合补给舰，一共建造了6艘。

## ●研发历史

法国海军是一支远洋海军，主要使命是保卫本土近海和海外领地的安全，保证本国海上交通运输线的畅通以及护航、护渔等。在20世纪70年代以前，法国海军的后勤支援力量只有2艘由运输油轮改装的燃油补给船。70年代初，为了支援舰艇的远洋活动，法国开始研制新补给舰，新舰设计思想

澳大利亚海军"成功"号综合补给舰

是将多种后勤支援功能集中在一个平台上,以迅速为舰队提供补给。

新舰于 1971～1972 年进行初步设计,法国海军于 1973 年订购首舰"迪朗斯"号(A629),在 1976～1986 年间又陆续订购了 4 艘,分别为"默兹"号(A607)、"瓦尔"号(A608)、"马恩"号(A630)和"索姆"号(A631)。"迪朗斯"号于 1973 年 12 月开工建造,1975 年 9 月下水,1976 年 12 月开始服役。20 世纪 70 年代末,澳大利亚海军也订购了 1 艘,命名为"成功"号(AOR 304)。此外,沙特阿拉伯海军装备的布莱达级综合补给舰也是由迪朗斯级综合补给舰改进而来,一共建造了 2 艘。

迪朗斯级综合补给舰(右)为美国海军"安齐奥"号巡洋舰(左)补给

## •船体构造

迪朗斯级综合补给舰采用球鼻艏、方艉,有艏楼和桥楼,补给装置在舰体舯部,艉部有直升机平台和机库。舰体舯部设 2 个补给门架,左右舷共 4 个横向补给站,用于传送干液货。门架之间有控制室控制货物传送作业。后方有 2 个纵向补给站,只传送液货。考虑船的多用性,除执行航行补给外还要求每艘船能搭载 75 名突击队员,备有突击队员居住舱室,以供快速展开部队突击队员使用。

## •作战性能

迪朗斯级综合补给舰的主要使命是为特混舰队进行航行补给,为主战舰艇提供燃油、航空油、弹药、食品和备件等。该级舰的装载能力为燃油 7500 吨、柴油 1500 吨、航空煤油 500 吨、蒸馏水 140 吨、弹药 150 吨、食品 170 吨和备件 50 吨。弹药存放在 3 个中间舱内,配置 1 座 3 吨升降机用于弹药运输。其他干货存放在舷边 6 个舱室,其中 4 个是冷藏货舱,有 2 座 1 吨升降机用作货物运输。干货装在货盘内,用叉车运输。

迪朗斯级综合补给舰的自卫武器为 2 座双联装"西北风"防空导弹发射装置,3 门 30 毫米火炮,以及 4 挺 12.7 毫米重机枪。此外,舰上可以携带具有反潜能力的直升机,用于反潜作战。

迪朗斯级综合补给舰右舷视角

# No.63 德国柏林级综合补给舰

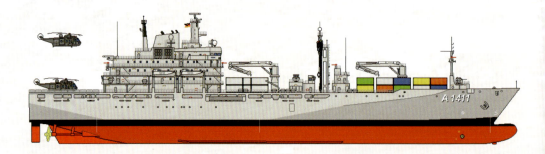

| 基本参数 | |
|---|---|
| 满载排水量 | 20240 吨 |
| 长度 | 173.7 米 |
| 宽度 | 24 米 |
| 吃水 | 7.6 米 |
| 最高航速 | 20 节 |

★ 航行中的柏林级综合补给舰

柏林级综合补给舰（Berlin class replenishment oiler）是德国于20世纪90年代末设计建造的综合补给舰，德国海军一共装备了3艘。

## ● 研发历史

柏林级综合补给舰由德国吕尔森造船厂设计建造，首舰"柏林"号（A1411）于1999年1月开工建造，1999年4月下水，2001年4月开始服役。二号舰"法兰克福"号（A1412）于2000年8月开工建造，2001年1月下水，2002年5月开始服役。为了确保随时有一艘舰处于工作状态，德国

柏林级综合补给舰（左）和美国圣安东尼奥级船坞登陆舰（右）

海军又在2010年订购了三号舰"波恩"号（A1413），该舰于2010年9月开工建造，2011年4月下水，2013年9月开始服役。未来，德国海军还有可能继续订购。此外，加拿大海军也

订购了 2 艘柏林级综合补给舰。

## ●船体构造

柏林级综合补给舰是德国海军现役舰艇中吨位较大的一种,其上层建筑位于舰体后方,烟囱和桅杆等设施均在上层建筑顶部。上层建筑后方有直升机平台。补给装置位于舰体前方,有一座补给门架,门架前后各有一座集装箱用大型吊车。

柏林级综合补给舰左舷视角

## ●作战性能

柏林级综合补给舰可进行淡水、食品、燃料以及武器弹药等物资补给,舰上可运载 9450 吨燃油、160 吨弹药等多种补给物资。同时,该级舰还可搭载集装箱化的医疗器材,参加维和行动等任务。

柏林级综合补给舰的自卫武器为 4 门 MLG-27 型 27 毫米毛瑟舰炮和 2 套便携式"毒刺"防空导弹发射装置,并可搭载 2 架"海王"直升机或 NH90 直升机。

柏林级综合补给舰右舷视角

# No.64 意大利斯特隆博利级综合补给舰

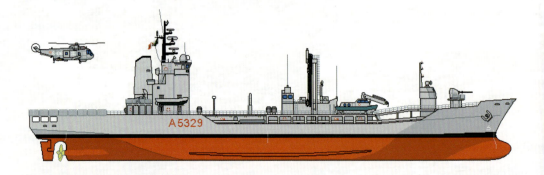

| 基本参数 | |
|---|---|
| 满载排水量 | 9100 吨 |
| 长度 | 129 米 |
| 宽度 | 18 米 |
| 吃水 | 6.5 米 |
| 最高航速 | 18 节 |

★ 航行中的斯特隆博利级综合补给舰

斯特隆博利级综合补给舰（Stromboli class replenishment oiler）是意大利于20世纪70年代建造的综合补给舰，意大利海军一共装备了2艘。

## ● 研发历史

意大利位于地中海中部，是北约组织成员国。意大利海军的主要任务是保卫本国领土、领海的安全，保卫海上交通线的畅通及承担北约组织赋予的军事任务。20世纪70年代，为给作战舰艇提供海上后勤支援，意大利海军决定发展一级较小型的综合补给舰，即斯特隆博利级。

斯特隆博利级综合补给舰右舷视角

这是二战后意大利自行建造的第一级综合补给舰，在此之前意大利海军只有一艘从美国转让的

T-2 型油轮改装的燃油补给船。

斯特隆博利级综合补给舰由意大利造船金融集团穆吉亚诺船厂建造，意大利海军订购了 2 艘，首舰"斯特隆博利"号（A5327）于 1973 年 10 月开工建造，1975 年 2 月下水，1975 年 10 月开始服役。二号舰"维苏威"号（A5329）于 1974 年 7 月开工建造，1977 年 6 月下水，1978 年 10 月开始服役。此外，伊拉克也曾订购 1 艘斯特隆博利级综合补给舰，该舰于 1983 年 12 月 20 日完工，之后在意大利水域进行人员训练，1986 年按照计划准备回国，但由于两伊战争爆发，该舰出于安全原因滞留在了埃及的亚历山大港，最终被迫遗弃。

## ●船体构造

斯特隆博利级综合补给舰的上层建筑布置在舰体后部，舰体舯部配备 1 座用于输送燃料的大型补给门架，在两舷靠后的位置布置了 2 个干货补给点，用于补给较轻的弹药与食品。舰艉设有 1 个纵向燃料补给点。

斯特隆博利级综合补给舰艉部视角

## ●作战性能

斯特隆博利级综合补给舰的主要使命是为战斗舰艇和直升机提供燃油、弹药、食品等消耗品的海上航行补给。该级舰可装载 3000 吨重油、1000 吨柴油和 400 吨 JP5 航空煤油，并可装载 300 吨干货。斯特隆博利级综合补给舰的大型补给门架能以每分钟 8 立方米的速率补给柴油，舰艉的纵向燃料补给点能以每小时 7 立方米的速率补给燃料。该级舰拥有可供 1 架中型直升机起降的直升机甲板，使其获得了一定的航空垂直补给能力，但是受到吨位的限制，该级舰没有机库，这意味着直升机无法长时间在该舰上部署，制约了其提供垂直补给的效率。

斯特隆博利级综合补给舰的舰艏装有 1 门奥托·梅莱拉 76 毫米舰炮。另外，舰上还装有 2 门奥托·梅莱拉 KBA 型 25 毫米机炮和 2 挺 7.62 毫米机枪，拥有较为完善的自卫能力。

斯特隆博利级综合补给舰左舷视角

# No. 65 日本十和田级快速战斗支援舰

| 基本参数 | |
|---|---|
| 满载排水量 | 15850 吨 |
| 长度 | 167 米 |
| 宽度 | 22 米 |
| 吃水 | 8.1 米 |
| 最高航速 | 22 节 |

★ 十和田级快速战斗支援舰右舷视角

十和田级快速战斗支援舰（Towada class fast combat support ship）是日本于20世纪80年代设计建造的快速战斗支援舰，一共建造了3艘。

## ● 研发历史

20世纪70年代，日本海上自卫队计划组建4个护卫群，以此拓展海上自卫队的活动范围。为了配合护卫群的组建，海上自卫队开始规划建造新的补给舰，即十和田级快速战斗支援舰。

十和田级快速战斗支援舰一共建造了3艘，首舰"十和田"号（AOE-

十和田级快速战斗支援舰停泊在港口中

422）于1985年4月开工建造，1986年2月下水，1987年3月服役。二号舰"常磐"号（AOE-423）于1988年5月开工建造，1989年3月下水，1990年3月服役。三号舰"滨名"

号（AOE-424）于 1988 年 7 月开工建造，1989 年 5 月下水，1990 年 3 月服役。

## ● 船体构造

为了减少研制风险及加快研制进度，十和田级快速战斗支援舰基本上沿用了"相模"号综合补给舰的总体布局，采用通长甲板，主上层建筑设在舰体舯部稍后，但其干舷比"相模"号高出近一倍，可以有效防止海浪冲击到甲板上而影响补给作业的安全。

十和田级快速战斗支援舰左舷视角

舰体明显外飘，在起到抑制海浪作用的同时也增加了舰体内部空间。舰体不设开口，采用了全封闭设计，适航性及耐波性都有了较大提高。弹药库和燃油舱内安全设施齐全，可有效防止危险事故的发生。舰艉仍然只有直升机平台，没有机库。

## ● 作战性能

由于尺寸增加，十和田级快速战斗支援舰的装载能力也有了提高，可装载舰用燃油 6500 吨，航空燃油 200 吨，润滑油 150 吨，粮食、蔬菜等生活补给品 600 吨。弹药库中可以装载 150 吨的导弹、鱼雷、炮弹等武器，弹药补给装置具有一次输送 1.5 吨的能力，可以满足导弹、鱼雷等各种弹药的补给需要。除了补给工作外，舰内也设有较完善的医疗设施，以支援舰队长期在外海活动所需的医疗支援。

十和田级快速战斗支援舰的动力装置仍为柴油发动机，为了在增加吨位后不降低航速，采用了 2 台大功率的 16V42MA 增压柴油发动机，最大输出功率达到 17615 千瓦，双轴、双桨推进，这样在吨位大量增加的情况下仍然达到了与"相模"号综合补给舰相同的航速，可满足跟随作战舰艇进行快速机动作战的要求。同时，由于载油量增加，其续航力比"相模"号综合补给舰更强，在 22 节时可达到 10500 海里。

航行中的十和田级快速战斗支援舰

# No. 66 日本摩周级快速战斗支援舰

| 基本参数 | |
|---|---|
| 满载排水量 | 25000 吨 |
| 长度 | 221 米 |
| 宽度 | 27 米 |
| 吃水 | 8 米 |
| 最高航速 | 24 节 |

★ 航行中的摩周级快速战斗支援舰

摩周级快速战斗支援舰（Masyuu class fast combat support ship）是日本在 21 世纪初期设计建造的快速战斗支援舰，一共建造了 2 艘。

• 研发历史

20 世纪 90 年代以后，日本海上自卫队的大型水面作战舰艇数量不断增加，性能也不断增强，对综合补给舰的需求也在不断增加，由此促使了性能更为完善的日本海上自卫队第三代综合补给舰——摩周级快速战斗支援舰的诞生。

摩周级快速战斗支援舰（上）和美国海军阿利·伯克级驱逐舰（下）

摩周级快速战斗支援舰一共建造了 2 艘，首舰"摩周"号于 2002 年 1 月开工建造，2003 年 2 月下水，2004 年 3 月开始服役，母港是舞鹤基地。二号舰"近江"号于 2003 年 2 月开工建造，2004 年 2 月下水，2005 年 3 月开始服役，母港是佐世保基地。

## ● 船体构造

摩周级快速战斗支援舰采用了长艏楼、平甲板、方艉设计,舰体丰满,水线以上部分明显外飘,并有明显的折角线,舰体最宽处到舰艉末端等宽。这种设计不仅增加了内部空间和甲板面积,同时也有利于舰上设备的布置。舰艏部采用了球鼻艏,不仅可以提供更大的浮力,而且有利于减小舰艏的兴波阻力,提高推进效率、纵向稳定性和航速。摩周级快速战斗支援舰也是日本海上自卫队第一种采用双层船壳设计的补给舰,能降低船壳受损破裂时油料外泄污染海洋的概率。

摩周级快速战斗支援舰左舷视角

## ● 作战性能

为了避免补给设施过度妨碍舰桥前方的视线,摩周级快速战斗支援舰舍弃了过去海上自卫队补给舰惯用的旧式补给门架,改用单柱式补给桁,至于补给桁的布局(前后 2 对补给燃油,中间 1 对负责干货弹药)则仍与过去相似。摩周级快速战斗支援舰可以装载 10000 吨舰用燃油、650 吨航空燃油、450 吨弹药、180 吨润滑油、1200 吨干货(粮食、蔬菜等生活补给品)和 850 吨淡水。

相较于海上自卫队过去的补给舰,摩周级快速战斗支援舰的设计更偏向于与美军协同的海外联合任务,所以不仅排水量与储油量更大,而且拥有更好的乘员适居性。该级舰的舰艉设有直升机机库与飞行甲板,能携带、操作直升机并提供落地维修勤务,故具有更好的长期独立作业能力,这是过去海上自卫队补给舰所不具备的特征。此外,舰

摩周级快速战斗支援舰右舷视角

内还有十分完善的医疗设施,包括手术室、X 光室、牙科治疗室、集中治疗室以及病房等,最多能安置 100 名伤员病患接受治疗。

## 第 6 章
# 舰载、反潜航空器

航空器是海军航空兵的主要作战装备。海军航空兵是在海洋上空执行作战任务的海军兵种，按照起降基地不同，分为岸基航空兵和舰载航空兵。岸基航空兵以陆上机场和水上机场为基地，通常配备有航程远、续航时间长的轰炸机、侦察机和反潜巡逻机。舰载航空兵以航空母舰和其他舰船为载体，通常配备有战斗机、攻击机、预警机和直升机等。

# No.67 美国 F/A-18 "大黄蜂" 战斗/攻击机

| 基本参数 | |
|---|---|
| 长度 | 18.31 米 |
| 高度 | 4.88 米 |
| 翼展 | 13.62 米 |
| 空重 | 14552 千克 |
| 最高速度 | 1915 千米/小时 |

★ F/A-18 战斗/攻击机在高空飞行

F/A-18 "大黄蜂"（F/A-18 Hornet）战斗/攻击机是美国专门针对航空母舰起降而开发的对空/对地全天候多功能舰载机，1983 年 1 月开始服役，一共制造了 1480 架。

● 研发历史

F/A-18 战斗/攻击机的研发历史最早可以追溯到美国空军发展的轻型战机（LWF）计划，当时通用公司与诺斯洛普公司（现诺斯洛普·格鲁曼公司）获得最后决选权，分别发展出 YF-16 与 YF-17 两种原型机，其中 YF-16 被美国空军

F/A-18 战斗/攻击机离舰起飞

选中。而 YF-17 虽然在这次计划中落选，却在数年后赢得美国海军的空战战机（ACF）计划。当时，诺斯洛普公司、波音公司与制造海军飞机经验丰富的麦克唐纳·道格拉斯公司合作，以 YF-17 原型机为蓝本开发出海军版的原型机，并打败由 F-16 战斗机衍生出的舰载机版本。最初计划制造战斗机版 F-18 与攻击机版 A-18 两种型号，但最终采纳美国海军的意见，将其合二为一变成 F/A-18 战斗 / 攻击机。

满载武器的 F/A-18 战斗 / 攻击机

## ●机体构造

F/A-18 战斗 / 攻击机的机身采用半硬壳结构，主要采用轻合金，增压座舱采用破损安全结构，后机身下部装着舰用的拦阻钩。机翼为悬臂式的中单翼，后掠角不大，前缘装有全翼展机动襟翼，后缘内侧有液压动作的襟翼和副翼。尾翼也采用悬臂式结构，平尾和垂尾均有后掠角，平尾低于机翼。起落架为前三点式，前起落架上有供弹射起飞用的牵引杆。座舱采用气密、空调座舱，内装弹射座椅。

## ●作战性能

F/A-18 战斗 / 攻击机的主要特点是可靠性和维护性好，生存能力强，大仰角飞行性能好以及武器投射精度高。该机的固定武器为 1 门 20 毫米 M61A1 机炮。F/A-18A/B/C/D 有 9 个外挂点，其中翼端 2 个、翼下 4 个、机腹 3 个，外挂载荷最高可达 6215 千克。F/A-18E/F 的外挂点有所增加，不但能携带更多的武器，而且可外挂 5 个副油箱，并具备空中加油能力。

F/A-18 战斗 / 攻击机编队作战

# No.68 美国F-35"闪电"Ⅱ战斗机

| 基本参数 | |
|---|---|
| 长度 | 15.7米 |
| 高度 | 4.33米 |
| 翼展 | 10.7米 |
| 空重 | 13300千克 |
| 最高速度 | 1931千米/小时 |

★ F-35B型战斗机

F-35"闪电"Ⅱ（F-35 Lightning Ⅱ）战斗机是洛克希德·马丁公司研制的单发单座多用途战机。

## ● 研发历史

F-35战斗机源于美军的联合打击战斗机（Joint Strike Fighter，简称JSF）计划，主要用于前线支援、目标轰炸、防空截击等多种任务，并因此发展出三种主要的衍生版本，包括采用传统跑道起降的F-35A型，短距离/垂直起降的F-35B型，以及作为舰载机

F-35C型战斗机

的F-35C型。虽然美国是F-35战斗机主要的购买国与资金提供者，但英国、意大利、荷兰、加拿大、挪威、丹麦、澳大利亚和土耳其也为研发计划提供了43.75亿美元经费。2015年7月，F-35B型开始进入美国海军陆战队服役。2016年8月，F-35A型也开始进入美国空军服役。2019年2月，F-35C型进入美国海军服役。

## •机体构造

F-35C型战斗机进行着舰测试

F-35战斗机的外形很像F-22战斗机的单发缩小版，其隐身设计借鉴了F-22战斗机的很多技术与经验。F-35战斗机采用古德里奇公司为其量身定制的起落架系统，配备固特异公司制造的"智能"轮胎，轮胎中内置了传感器和发射装置，可以监测胎压胎温。与美国以往的战机相比，F-35战斗机具有廉价耐用的隐身技术、较低的维护成本，并用头盔显示器完全替代了抬头显示器。因后发优势，F-35战斗机在某些方面反而比F-22战斗机更先进。

## •作战性能

F-35战斗机装有1门25毫米GAU-12/A"平衡者"机炮，备弹180发。除机炮外，F-35战斗机还可以挂载AIM-9X、AIM-120、AGM-88、AGM-154、AGM-158、海军打击导弹、远程反舰导弹等多种导弹武器，并可使用联合直接攻击炸弹、风修正弹药撒布器、"铺路"系列制导炸弹、GBU-39小直径炸弹、Mk 80系列无导引炸弹、CBU-100集束炸弹、B61核弹等，火力十分强劲。

F-35C型战斗机在高空飞行

# No.69 美国 AV-8B "海鹞" II 攻击机

| 基本参数 | |
|---|---|
| 长度 | 14.12 米 |
| 高度 | 3.55 米 |
| 翼展 | 9.25 米 |
| 空重 | 6745 千克 |
| 最高速度 | 1083 千米/小时 |

★ AV-8B "海鹞" II 攻击机起飞

AV-8B "海鹞" II（AV-8B Harrier II）攻击机是麦克唐纳·道格拉斯公司生产的舰载垂直/短距起降攻击机，1981 年 11 月首次试飞，1985 年正式服役，一共制造了 337 架。

## ● 研发历史

AV-8B 攻击机不是由美国自行研发的机种，而是美军现役中极少数从国外引进、取得生产权的武器系统。该机的原始设计源自英国的"鹞"式攻击机，在美国生产的编号为 AV-8A，用作近距离的空中支援和侦察。鉴于 AV-8A 攻击机的性能不完全满足美国海军陆战队的需要，尤其是在载弹量方面，于是，麦克唐纳·道格拉斯公司和英国宇航公司对其进行了改进，将 AV-8A 攻击机改进成为 AV-8B 攻击机。AV-8B 攻击机的生产型于 1981 年 11 月首

美国海军尼米兹级航空母舰上的 AV-8B 攻击机

次试飞，1985年正式服役。

## ●机体构造

AV-8B攻击机采用悬臂式上单翼，机翼后掠，翼根厚，翼稍薄。机翼下装有下垂副翼和起落架舱，两翼下各有一较小的辅助起落架，轮径较小，起飞后向上折叠。AV-8B攻击机在减重上下了很大的工夫，其中采用复合材料主翼是主要改进项目之一。据估计，以复合材料制造的主翼要比金属做的同样主翼轻150千克。

AV-8B攻击机仰视图

AV-8B攻击机的机身前段也使用了大量的复合材料，减掉了大约68千克的重量。其他采用复合材料的部分包括升力提升装置、水平尾翼、尾舵，只有垂直尾翼、主翼与水平尾翼的前缘及翼端、机身中段及后段等处使用金属材料。

## ●作战性能

AV-8B攻击机安装了前视红外探测系统、夜视镜等夜间攻击设备，夜间战斗能力很强。该机的起飞滑跑距离不到F-16战斗机的三分之一，适于前线使用。AV-8B攻击机的机身下有两个机炮/弹药吊舱，其中一个吊舱装有1门25毫米GAU-12U机炮，备弹300发。该机还有7个外部挂架，可挂载AIM-9L"响尾蛇"导弹、AGM-65"小牛"导弹，以及各类炸弹和火箭弹。

AV-8B攻击机在高空飞行

# No.70 美国 S-3 "维京"反潜机

| 基本参数 | |
|---|---|
| 长度 | 16.26 米 |
| 高度 | 6.93 米 |
| 翼展 | 20.93 米 |
| 空重 | 12057 千克 |
| 最高速度 | 828 千米/小时 |

★ S-3 "维京"反潜机俯视图

S-3 "维京"（S-3 Viking）反潜机是美国洛克希德公司（现洛克希德·马丁公司）研制的双发喷气式反潜机。

## ●研发历史

S-3 反潜机是针对美国海军 20 世纪 70 年代后半期反潜任务而设计的舰载反潜机，用以取代 S-2 反潜机，以配合 P-3 反潜巡逻机使用。美国海军于 1967 年 12 月提出 S-3 反潜机的研制计划，1969 年 8 月 1 日与洛克希德公司签订 S-3 反潜机研制合同，1971

S-3 "维京"反潜机降落

年 11 月 8 日原型机出厂，1972 年 1 月 12 日首次试飞，1974 年 2 月 20 日开始交付美国海军使用。该机于 1978 年停止生产，一共生产了 188 架。

## ●机体构造

S-3 反潜机采用悬臂式上单翼，在内翼下吊装 2 台涡轮风扇发动机，位置比较靠近机身，以便使用 1 台发动机进行巡航飞行，从而节省油耗。机身为全金属半硬壳式破损安全结构，分隔式武器舱带有蚌壳式舱门。外段机翼和垂直尾翼可折叠，以便于舰载。机身有两条平行的纵梁，自前起落架接头处一直伸展到着陆拦阻钩处，弹射起飞和拦阻着舰时通过这两个梁将载荷均匀分布到机身上，而在水上迫降或机身着舰时，也可保护乘员。可碎玻璃座舱盖在机身顶部，以便于应急情况下弹射乘员。机组成员共 4 人，分别是前舱的正副驾驶和后舱的战术协调员、声呐员。

S-3 "维京" 反潜机起飞

## ●作战性能

S-3 反潜机采用 AN/ALR-47 型 ECM 电子战系统，具有电子支援（ESM）、电子情报收集（ELINT）、雷达侦测（RWR）三种功能。该机的分隔式武器舱内备有 BRU-14/A 炸弹架，可装 4 枚 Mk 36 空投水雷、4 枚 Mk 46 鱼雷、4 枚 Mk 82 炸弹、2 枚 Mk 57 或 4 枚 Mk 54 深水炸弹，或者装 4 枚 Mk 53 水雷。BRU-11/A 炸弹架安装在两翼下外挂架上，可携带 SUU-44/A 照明弹发射器，Mk 52、Mk 55 或 Mk 56 水雷，Mk 20 集束炸弹，Aero 1D 副油箱，或 2 具 LAU-68A、LAU-61/A、LAU-69/A 或 LAU-10A/A 火箭巢。

★ S-3 "维京" 反潜机在高空飞行

# No.71 美国E-2"鹰眼"预警机

| 基本参数 | |
|---|---|
| 长度 | 17.54 米 |
| 高度 | 24.56 米 |
| 翼展 | 5.58 米 |
| 空重 | 18090 千克 |
| 最高速度 | 626 千米/小时 |

★ E-2"鹰眼"预警机在高空飞行

E-2"鹰眼"（E-2 Hawkeye）预警机是格鲁曼公司（现诺斯洛普·格鲁曼公司）研制的舰载预警机，1964年1月开始服役，一共制造了200架以上。

## • 研发历史

20世纪50年代，福莱斯特级航空母舰陆续进入美国海军服役，该舰能操作更大型的舰载机，因此美国海军开始规划功能更强大的新一代舰载空中管制预警机，整合当时尚在建构的"海军战术资料系统"（NTDS），这就是E-2预警机的由来。E-2预警机的第一种量产

★ E-2"鹰眼"预警机降落

型号为 E-2A，1964 年 1 月交付美国海军。1969 年 2 月，改良型 E-2B 首次试飞。1973 年，改良幅度更大的 E-2C 入役。90 年代末期，E-2C 又推出新的改良型，称为 E-2C"鹰眼"2000。此后，美国海军又提出了"先进鹰眼"计划，推出了 E-2D。E-2 系列预警机是美国海军目前唯一使用的舰载预警机，也是世界上产量最大、使用国家最多的预警机。

## ●机体构造

E-2 预警机采用高单翼、半硬壳结构设计，垂直安定面共有 4 片，其中最靠外侧的两面延伸到水平安定面的下方。两边机翼上各有一具涡轮螺旋桨发动机，驱动 4 片或 8 片桨叶的螺旋桨。E-2 预警机在外观上最大的特征就是位于机背的圆形雷达罩，雷达罩的气动构造经过特殊设计，在飞行时可以产生升力，借此减少因装设雷达而制造的空气阻力。

★ E-2"鹰眼"预警机仰视图

## ●作战性能

早期的 E-2 预警机（E-2A）使用 AN/APS-96 雷达，探测距离约 200 千米，可同时追踪 250 个目标。之后，E-2 预警机陆续换装了 AN/APS-111（E-2B 使用，具备内陆操作能力）、AN/APS-120（E-2C 使用，配备新的强化稳定性发射机、自动探测器和拥有恒定误警率电路的系统电脑）、AN/APY-9（E-2D 使用）等新型雷达，性能进一步提升。E-2C 还加装了 AN/ALR-59（后来升级为 AN/ALR-73）被动探测系统。与水面船舰的雷达相较，E-2 预警机不受地形与地平线造成的搜索范围限制，而居高临下的搜索方式使得任何空中的敌机或导弹都无所遁形。

★ E-2"鹰眼"预警机在低空飞行

# No. 72 美国 EA-18G "咆哮者" 电子战飞机

| 基本参数 | |
|---|---|
| 长度 | 18.31 米 |
| 高度 | 4.88 米 |
| 翼展 | 13.62 米 |
| 空重 | 15011 千克 |
| 最高速度 | 1900 千米/小时 |

★ EA-18G "咆哮者"电子战飞机在高空飞行

EA-18G "咆哮者"（EA-18G Growler）电子战飞机是以 F/A-18F "超级大黄蜂"战斗/攻击机为基础改装而来的电子战飞机。

## ● 研发历史

21 世纪初，美国海军装备的 EA-6B 电子战飞机已经服役多年，虽然经过多次现代化改造，但机体结构的老化绝对不容忽视。另外，EA-6B 电子战飞机的机动性能不佳，没有空战能力，执行任务必须依靠其他战机护航。所以，面对未来战场严峻的形势，美国海军迫切需要装备新一代

EA-18G "咆哮者"电子战飞机准备起飞

电子战飞机。2002年12月，美国海军正式启动EA-18G电子战飞机项目，波音公司是主承包商，诺斯洛普·格鲁曼公司负责集成电子战套件。2006年8月，波音公司第一架量产型EA-18G电子战飞机首次试飞。在经过众多测试后，EA-18G电子战飞机于2009年9月正式服役。

EA-18G"咆哮者"电子战飞机仰视图

## ●机体构造

EA-18G电子战飞机与F/A-18F战斗/攻击机保持了90%的共通性，最大的改动在电子设备上，这无疑能大大降低后勤保障的压力，也节省了飞行员完成新机改装训练所需的时间与费用。EA-18G电子战飞机的机身采用半硬壳结构，主要采用轻合金，增压座舱采用破损安全结构。机头右侧上方装有可收藏的空中加油管。起落架为前三点式，前起落架上有供弹射起飞用的牵引杆。

## ●作战性能

作为F/A-18E/F战斗/攻击机的衍生机型，EA-18G电子战飞机具有和前者相同的机动性能，也具备F/A-18E/F战斗/攻击机的作战能力，因此完全可以胜任随队电子支援任务。EA-18G电子战飞机拥有强大的电磁攻击能力，凭借诺斯洛普·格鲁曼公司为其设计的ALQ-218V(2)战术接收机和新型ALQ-99战术电子干扰吊舱，可以高效地执行地对空导弹雷达系统的压制任务。该机可挂载和投放多种武器，其中包括AGM-88"哈姆"反辐射导弹和AIM-120空对空导弹。虽然EA-18G电子战飞机没有内置机炮，但其具备相当的空战能力，不仅足以自卫，甚至可以执行护航任务。

★ EA-18G"咆哮者"电子战飞机编队飞行

## No. 73 美国 P-8 "波塞冬" 反潜巡逻机

| 基本参数 | |
|---|---|
| 长度 | 39.47 米 |
| 高度 | 12.83 米 |
| 翼展 | 37.94 米 |
| 空重 | 62730 千克 |
| 最高速度 | 907 千米/小时 |

★ P-8 反潜巡逻机俯视图

P-8 "波塞冬"（P-8 Poseidon）反潜巡逻机是波音公司研制的反潜巡逻机，2013 年开始服役，截至 2020 年 5 月一共制造了 106 架。

### ● 研发历史

21 世纪初，美国海军计划发展新一代反潜巡逻机。2004 年 6 月，美国海军比较波音公司与洛克希德·马丁两家公司规划案在技术、管理、经费、时程等方面的差异后，宣布由波音公司赢得总金额 39 亿美元的系统发展验证合约，并制造 5 架全尺寸原型机和 2 架生产型飞机。2005 年 3 月，美

P-8 反潜巡逻机在高空飞行

国海军为新型反潜巡逻机赋予 P-8 编号，2005 年 11 月完成初步设计审查。2009 年 4 月，P-8 反潜巡逻机首次试飞。2013 年 11 月，P-8 反潜巡逻机进入美国海军服役。此外，该机还被澳大利亚空军、印度海军、挪威空军、英国空军采用。

P-8 反潜巡逻机沿海岸飞行

## •机体构造

P-8 反潜巡逻机的设计源自波音 737 客机，它比 P-3 反潜巡逻机的螺旋桨动力有更大的效能和巡航力，平均高出 30%。P-8 反潜巡逻机的机身采用铝合金半硬壳式结构，起落架为液压可收放前三点式，应急时可靠重力自行放下。机翼采用悬臂式中单翼，机翼结构为铝合金破损安全设计的抗扭盒形结构。尾翼、方向舵、升降舵等处广泛采用了玻璃钢结构。

## •作战性能

与 P-3 反潜巡逻机相比，P-8 反潜巡逻机内部的大空间能安装更多设备，翼下也能挂载更多武器。P-8 反潜巡逻机有 5 个内置武器挂载点与 6 个外置武器挂载点，可以使用 AGM-84"鱼叉"反舰导弹和 AGM-65"小牛"空对地导弹，还可挂载 15000 千克炸弹、鱼雷或水雷等武器。该机装有雷神公司研制的 AN/APY-10 雷达，具有六种不同的工作模式。

P-8 反潜巡逻机投弹

# No.74 美国 C-2 "灰狗" 运输机

| 基本参数 | |
|---|---|
| 长度 | 17.3 米 |
| 高度 | 4.85 米 |
| 翼展 | 24.6 米 |
| 空重 | 15310 千克 |
| 最高速度 | 635 千米/小时 |

★ C-2 "灰狗" 运输机在高空飞行

C-2 "灰狗"（C-2 Greyhound）运输机是美国格鲁曼公司（现诺斯洛普·格鲁曼公司）研制的舰载双发运输机，主要用于航空母舰的舰上运输任务。

• 研发历史

C-2 运输机是 E-2 "鹰眼" 预警机的衍生型号，它的研制是为了取代由活塞发动机推动的 C-1 "商人" 运输机。1964 年 11 月 18 日，两架由 E-2 预警机改装而成的原型机试飞成功。1966 年，第一个量产机型 C-2A 开始服役，一共生产了 17 架。C-2A 机队曾于 1973 年

C-2 "灰狗" 运输机降落

时进行全面翻修，以延长其服役期。1984 年，改进型 C-2A(R) 问世，一共生产了 39 架。21 世纪初期，美国海军展开了一项延寿工程，使 C-2A(R) 足以延长服役至 2027 年。

## • 机体构造

C-2 运输机保留着 E-2 预警机原有的机翼及动力装置,但拥有一个经过扩大的机身,在机尾设有装卸坡道。C-2 运输机的动力装置为两台艾里逊 T56 型发动机,单台功率为 3400 千瓦。该机可以折叠的机翼设计和辅助动力系统,使其成为多功能的舰载运输机,这正是其他货运飞机无可比拟的地方。

C-2 "灰狗" 运输机仰视图

## • 作战性能

C-2 运输机可提供高达 4545 千克的有效载荷。机舱可以容纳货物、乘客,或者两者混载,并配置了能够运载伤者及执行医疗护送任务的设备。C-2 运输机能在短短几小时内,直接由岸上基地紧急载运需要优先处理的货物(例如战斗机的喷气发动机等)至航空母舰上。大型的机尾坡道、机舱大门和动力绞盘设施,让 C-2 运输机能在航空母舰上快速装卸物资。

航空母舰上的 C-2 "灰狗" 运输机

# No. 75 美国 V-22 "鱼鹰" 倾转旋翼机

| 基本参数 | |
|---|---|
| 长度 | 17.5 米 |
| 高度 | 11.6 米 |
| 翼展 | 14 米 |
| 空重 | 15032 千克 |
| 最高速度 | 565 千米/小时 |

★ V-22 "鱼鹰" 倾转旋翼机在高空飞行

V-22 "鱼鹰"（V-22 Osprey）倾转旋翼机是美国贝尔直升机公司和波音公司联合设计制造的倾转旋翼机，主要用于物资运输。

## ● 研发历史

V-22 倾转旋翼机于 20 世纪 80 年代开始研发，1989 年 3 月 19 日首飞成功，经历长时间的测试、修改、验证工作后，于 2007 年 6 月 13 日进入美国海军陆战队服役，取代服役较久的 CH-46 "海骑士" 直升机，执行运输及搜救任务。美国海军陆战队所使用的基本运输型被命名为 MV-22B。2009 年起，美国空

★ V-22 "鱼鹰" 倾转旋翼机降落

军也开始部署空军专用的衍生版本 CV-22B。美国海军计划从 2021 年开始使用 CMV-22B 舰上运输型，预计装备 39 架。

V-22"鱼鹰"倾转旋翼机仰视图

## ●机体构造

V-22 倾转旋翼机是在类似固定翼飞机机翼的两翼尖处，各装一套可在水平位置与垂直位置之间转动的旋翼倾转系统组件，当飞机垂直起飞和着陆时，旋翼轴垂直于地面，呈横列直升机飞行状态，并可在空中悬停、前后飞行和侧飞；在倾转旋翼机起飞达到一定速度后，旋翼轴可向前倾转 90 度，呈水平状态，旋翼当作拉力螺旋桨使用，此时倾转旋翼机能像固定翼飞机那样以较高的速度作远程飞行。

## ●作战性能

V-22 倾转旋翼机是一种将固定翼机和直升机特点融为一体的新型飞行器，既具备直升机的垂直升降能力，又拥有螺旋桨飞机速度较快、航程较远及油耗较低的优点。V-22 倾转旋翼机的时速超过 500 千米，堪称世界上速度最快的直升机。不过，V-22 倾转旋翼机也有技术难度高、研制周期长、气动特性复杂、可靠性及安全性低等缺陷。

V-22 倾转旋翼机能在大气温度 33 摄氏度、高度 900 多米处进行无地效悬停。不过，由于它的螺旋桨直径小于同等重量直升机的旋翼、排气速度较大、桨盘载荷略高于一般直升机，因此垂直起飞和悬停时的效率亦稍逊于直升机。

V-22"鱼鹰"倾转旋翼机停放在机场

# No.76 美国 SH-3 "海王" 直升机

| 基本参数 | |
|---|---|
| 长度 | 16.7 米 |
| 高度 | 5.13 米 |
| 旋翼直径 | 19 米 |
| 空重 | 5382 千克 |
| 最高速度 | 267 千米/小时 |

★ SH-3 "海王" 直升机右侧视角

SH-3 "海王"（SH-3 Sea King）直升机是西科斯基飞机公司研制的中型舰载直升机，从1961年服役至今。

## ● 研发历史

1957年9月23日，西科斯基飞机公司获得美国海军的初步合同，开始研制一种用于协同反潜作战的两栖反潜直升机。1959年3月11日原型机首次试飞，1961年9月开始交付使用。该机被西科斯基飞机公司称为S-61直升机，而美国海军则将其命名为SH-

SH-3 "海王" 直升机紧贴海面飞行

3 "海王"直升机。除美国外，阿根廷、巴西、丹麦、加拿大、印度、伊朗、伊拉克、意大利、日本、马来西亚、秘鲁、沙特阿拉伯、西班牙、委内瑞拉等多个国家也采用了 SH-3 直升机。

## • 机体构造

SH-3 "海王"直升机仰视图

　　SH-3 直升机的机身为矩形截面、船身造型，能够随时在海面降落。机身左右两侧各设一具浮筒以增加横侧稳定性，后三点式起落架能够收入浮筒及机身尾部。舱内可以放搜索设备或人员物资，机身侧面设有大型舱门方便装载。该机配备由 5 叶旋翼及 5 叶尾桨组成的全金属旋翼系统，旋翼桨叶由一根铝合金挤压的 D 形大梁、23 块铝合金后段件和桨尖整流罩组成。旋翼桨叶有裂纹检查装置。桨叶可以互换，可以自动折叠。旋翼桨毂是全铰接式金属结构，旋翼装有刹车装置。尾桨桨叶由铝合金蒙皮、实心前缘金属大梁及蜂窝夹芯结构组成。尾桨桨叶可单独互换。

## • 作战性能

　　美国海军装备的 SH-3 直升机的主要任务为舰队反潜作战，除了侦察与追踪邻近的敌方潜艇之外，必要时也可进行攻击任务。除了反潜之外，SH-3 直升机也经常被用于执行搜救、运输、反舰与空中预警等任务。SH-3 直升机典型的武器配置为 4 枚鱼雷、4 枚水雷或 2 枚 "海鹰"反舰导弹。该机具有全天候作战能力，可装载 2 名声呐员，携带声呐设备、深水炸弹和可制导鱼雷等共计 380 千克的物品，进行 4 小时以上的海上反潜作业。

SH-3 "海王"直升机编队飞行

# No.77 美国 SH-60"海鹰"直升机

| 基本参数 | |
|---|---|
| 长度 | 19.75 米 |
| 高度 | 5.2 米 |
| 旋翼直径 | 16.35 米 |
| 空重 | 6895 千克 |
| 最高速度 | 270 千米/小时 |

★ SH-60"海鹰"直升机开火

SH-60"海鹰"（SH-60 Seahawk）直升机是西科斯基飞机公司研制的中型舰载直升机，从 1984 年服役至今。

## ● 研发历史

20 世纪 70 年代末，西科斯基飞机公司依照美国海军的需求重新打造了 UH-60"黑鹰"直升机，以替代老化的 SH-2"海妖"直升机。1979 年 12 月，SH-60"海鹰"直升机首次试飞。1983 年 4 月，生产型开始交付使用。"海鹰"直升机有 SH-60B、CH-60E、SH-60F、HH-60H、SH-60J、MH-60R、MH-60S 等多种衍生型，其中 SH-60B 和 SH-60F 是使用最广泛的型号。除美国外，SH-60 直升机还外销到澳大利亚、巴西、丹麦、希腊、日本、韩国、沙特阿拉伯、新加坡、西班牙、泰国、

★ SH-60"海鹰"直升机降落

土耳其等多个国家。

## • 机体构造

SH-60直升机与UH-60直升机有83%的零部件是通用的。由于海上作战的特殊性，SH-60直升机的改动比较大，机身蒙皮经过特殊处理，以适应海水的腐蚀。此外，还增加了旋翼刹车系统和旋翼自动折叠系统。SH-60B直升机的平尾比较特别，是方形而不是UH-60直升机的梯形，可向上折叠竖在垂尾两边。SH-60F直升机是SH-60B直升机的航空母舰操作版本，重新设计了航空电子设备和武器系统。

SH-60"海鹰"直升机仰视图

## • 作战性能

SH-60直升机的主要反潜武器为2枚Mk 46声自导鱼雷，但在执行搜索任务时，可以将这2枚鱼雷换成2个容量为455升的副油箱。SH-60B直升机和SH-60F直升机的主要区别在于反潜的方法不同：前者主要依赖驱逐舰上的声呐发现敌方潜艇，然后飞近可疑区域对目标精确定位并发起鱼雷攻击；后者则用于航空母舰周围的短距反潜，主要依赖其AQS-13F悬吊声呐探测雷达。

美国海军SH-60"海鹰"直升机和"卡尔·文森"号航空母舰

# No.78 苏联／俄罗斯苏-33 战斗机

| 基本参数 | |
|---|---|
| 长度 | 21.94 米 |
| 高度 | 5.93 米 |
| 翼展 | 14.7 米 |
| 空重 | 18400 千克 |
| 最高速度 | 2300 千米/小时 |

★ 苏-33 战斗机在高空飞行

苏-33 战斗机是苏霍伊设计局在苏-27 战斗机基础上研制的单座双发多用途舰载机，北约代号为"侧卫"D（Flanker-D）。

## ●研发历史

苏-33 战斗机是从苏-27 "侧卫"战斗机衍生而来的舰载机型号，1987 年 8 月首次试飞，1998 年 8 月正式服役，其北约代号也延续自苏-27 战斗机，被称为"侧卫"D 或"海侧卫"。目前，该机是俄罗斯海军"库兹涅佐夫"号航空母舰的主力舰载机，也是世界上最大的舰载战斗机。

苏-33 战斗机尾部视角

## ●机体构造

苏-33战斗机仰视图

苏-33战斗机的机身结构与苏-27战斗机基本相同，都由前机身、中央翼和后机身组成。该机增大了主翼面积，且为满足舰载机采用拦阻方式着舰时所需要承受的5G纵向过载，对机身主要承力结构进行了大幅加强。前起落架支柱直接与机身主承力结构连接，加强了前起落架的结构强度，并且改用了双前轮。主起落架直接连接在机身侧面的尾梁上，通过加强的结构和液压减振系统，使主起落架可以承受在舰上拦阻着陆时6～7米/秒的下沉速率。为了避免飞离甲板的瞬间因机身过重而翻覆，起飞时不能满载弹药和油料，这成为苏-33战斗机的致命缺陷。

## ●作战性能

苏-33战斗机装有1门30毫米GSh-301机炮，备弹150发。在执行舰队防空作战任务时，苏-33战斗机主要依靠导弹武器系统进行空中作战。在空对空导弹方面，苏-33战斗机可以使用R-27中距离空对空导弹和R-73近距离格斗空对空导弹。在对海攻击武器方面，苏-33战斗机使用的Kh-41大型超音速反舰导弹，具有很强的突防能力和抗干扰能力，大装药量的弹头单发命中就可以对大型军舰造成严重破坏。苏-33战斗机还可以使用各种口径的火箭弹和航空炸弹。

苏-33战斗机左侧视角

# No.79 俄罗斯米格-29K 战斗机

| 基本参数 | |
|---|---|
| 长度 | 17.37 米 |
| 高度 | 4.73 米 |
| 翼展 | 11.4 米 |
| 空重 | 11000 千克 |
| 最高速度 | 2400 千米/小时 |

★ 米格-29K 战斗机在高空飞行

米格-29K 战斗机是米高扬设计局研制的舰载全天候多用途战机,北约代号为"支点"D(Fulcrum-D),主要用户为印度海军和俄罗斯海军。

## ●研发历史

20 世纪 90 年代初,由于俄罗斯海军青睐于苏-27K 战斗机(也就是后来的苏-33 战斗机),米格-29K 一开始只制造了 2 架原型机,但是米高扬设计局并未因为资金短缺而中断米格-29K 战斗机的研发。直到 90 年代末,因为印度计划购买俄罗斯海军"戈尔什科夫

米格-29K 战斗机准备起飞

号航空母舰，米格-29K 战斗机被印度海军相中，定为航空母舰的舰载机。因为从 1998 年开始服役的苏-33 战斗机已逐渐老旧，所以俄罗斯海军也订购了一定数量的米格-29K 战斗机。

米格-29K 战斗机降落

## •机体构造

米格-29K 战斗机的整体气动布局为静不安定式，低翼面载荷，高推重比。精心设计的翼身融合体，是其气动设计上的最大特色。米格-29K 战斗机的机身结构主要由铝合金制成，部分机身加强隔框使用了钛合金材料，以适应特定的强度和温度要求，另少量采用了铝锂合金部件。该机的两台发动机间有较大空间，在机背上形成了一个长条状的凹陷。与米格-29 战斗机的陆基型号相比，米格-29K 战斗机的主要变化是机翼可以折叠，加装了尾钩，并强化了起落架。

## •作战性能

米格-29K 战斗机是由米格-29M 战斗机发展而来，米高扬设计局将其定义为四代战斗机。该机配备多功能雷达并更新了电子显示设备，也配备了"手不离杆"操纵杆。翼下挂载了 RVV-AE 空对空导弹，也能挂载反舰导弹和反雷达导弹，以及对地精确打击武器。

米格-29K 战斗机紧贴海面飞行

# No.80 苏联/俄罗斯卡-27直升机

| 基本参数 | |
|---|---|
| 长度 | 11.3 米 |
| 高度 | 5.5 米 |
| 旋翼直径 | 15.8 米 |
| 空重 | 6500 千克 |
| 最高速度 | 270 千米/小时 |

★ 卡-27 直升机在高空飞行

卡-27 直升机是卡莫夫设计局研制的反潜直升机,北约代号为"蜗牛"(Helix)。该机一共制造了 267 架,从 1982 年服役至今。

## ●研发历史

卡-27 直升机的设计工作始于 1970 年,第一架原型机于 1973 年 12 月首次试飞。20 世纪 80 年代初,卡-27 直升机研制成功并投入生产。1982 年,卡-27 直升机正式服役,用来取代已经服役十年之久的卡-25 直升机。由于要求使用相同的机库,卡-27 直升机被要求具备

卡-27 直升机降落在军舰上

与卡-25直升机相似的外观尺寸。除苏联/俄罗斯外，越南、韩国和印度等国的军队也装备了卡-27直升机。

## ● 机体构造

卡-27直升机的机身采用传统的半硬壳式结构，机身两侧带有充气浮筒，紧急情况下可在水上降落。为适应在海上使用，机身材料采用抗腐蚀金属。由于共轴双旋翼的先进性能，卡-27直升机的升重比高，总体尺寸小，机动性好，易于操纵。此外，卡-27直升机的零件要比传统设计的直升机少1/4，且大多数与俄罗斯陆基直升机相同。对于

卡-27直升机仰视图

卡-27直升机的飞行员来说，最好的事情就是卡-27直升机没有尾桨，因此他们的脚无需踩在踏板上控制尾桨，可以在需要的时候站起来观察。

## ● 作战性能

由于卡-27直升机是以反潜型来设计的，所以只装备了机腹鱼雷、深水炸弹及其他基础武器。该机装有自动驾驶仪、飞行零位指示器、多普勒悬停指示器、航道罗盘、大气数据计算机，以及360度搜索雷达、多普勒雷达、深水声呐浮标、磁异探测器、红外干扰仪和干扰物投放器等航空电子设备。

卡-27直升机转移海军人员

# No.81 法国"阵风"M战斗机

| 基本参数 | |
|---|---|
| 长度 | 15.27 米 |
| 高度 | 5.34 米 |
| 翼展 | 10.8 米 |
| 空重 | 9500 千克 |
| 最高速度 | 2130 千米/小时 |

★ "阵风"M战斗机在高空飞行

"阵风"M（Rafale M）战斗机是法国达索航空公司研制的舰载双发三角翼战斗机，主要使用者为法国海军。

## • 研发历史

20世纪70年代，法国空军及海军开始寻求新战机。为节约成本，法国尝试加入欧洲战机计划，与其他国家共同研发，但因对战机功能要求差别过大，最终法国决定独资研发，其成果就是"阵风"战斗机。1986年7月，"阵风"战斗机的原型机首次试飞。2000年12月4日，"阵风"战斗机正式服役。原本法国军队计划采购292架"阵风"战斗机（空军232

"阵风"M战斗机编队飞行

架、海军 60 架），但最后缩小了采购规模。2015 年，"阵风"战斗机取得了来自埃及（24 架）与印度（36 架）的订单。此外，卡塔尔也计划购买 24 架"阵风"战斗机。

## ●机体构造

"阵风"M 战斗机采用三角形机翼，加上近耦合前翼（主动整合式前翼），以及先天不稳定气动布局，以达到高机动性，同时保持飞行稳定性。机身为半硬壳式，前半部分主要使用铝合金制造，后半部分则大量使用碳纤维复合材料。该机的进气道位于下机身两侧，可有效改善进入发动机进气道的气流，从而提高大迎角时的进气效率。起落架为前三点式，可液压收放在机体内部。

"阵风" M 战斗机俯视图

## ●作战性能

"阵风"M 战斗机共有 13 个外挂点，其中 5 个用于加挂副油箱和重型武器，总外挂能力在 9000 千克以上。该机的固定武器为 1 门 30 毫米机炮，最大射速为 2500 发 / 分。"阵风"M 战斗机有着非常出色的低速可控性，降落速度可低至 213 千米 / 小时，这对航空母舰起降非常重要。

"阵风" M 战斗机起飞

# No.82 法国"超军旗"攻击机

| 基本参数 | |
|---|---|
| 长度 | 14.31 米 |
| 高度 | 3.85 米 |
| 翼展 | 9.6 米 |
| 空重 | 6460 千克 |
| 最高速度 | 1180 千米 / 小时 |

★"超军旗"攻击机在高空飞行

"超军旗"（Super Étendard）攻击机是法国达索航空公司研制的单发舰载攻击机，主要用户为法国海军和阿根廷海军。

## ● 研发历史

"超军旗"攻击机源自它的前身"军旗"Ⅳ攻击机，原计划取代"美洲豹"攻击机的海军型。"超军旗"攻击机的研制进度由于政治问题有所延缓，直到1974年10月才进行原型机的首次试飞。法国海军最初订购60架"超军旗"攻击机，1978年6月开始交付。此后，法国海军又增加了11架订单。除法国海军外，阿根廷海军也订购了14架"超军旗"攻击机。

"超军旗"攻击机沿海岸线飞行

## • 机体构造

"超军旗"攻击机采用45度后掠角中单翼设计，机身为全金属半硬壳式结构，翼尖可以折起，机身呈蜂腰状。中机身两侧下方有带孔的减速板。减速伞在垂尾与平尾后缘连接处的整流罩内，只有在地面机场降落时才使用。主起落架和前起落架均为单轮，前轮向后收，主轮则向内收入机翼与机身。

"超军旗"攻击机准备降落

## • 作战性能

"超军旗"攻击机的固定武器是2门30毫米德发机炮，分别备弹125发。全机有5个外挂点，机腹中线外挂点可携带590千克外挂物，两个翼下外侧外挂点的挂载能力为1090千克，两个翼下内侧外挂点的挂载能力为450千克。在执行攻击任务时，其武器携带方案为6枚250千克炸弹（机腹挂架挂载2枚），或4枚400千克炸弹（全由翼下挂架挂载），或4具LRI-50火箭发射巢（每具可容纳18枚68毫米火箭弹）。此外，还可根据需要挂载"飞鱼"空对舰导弹和副油箱等。

"超军旗"攻击机离舰起飞

# 第 7 章
# 舰载武器

舰载武器是海军作战舰艇的火力来源，也是海军作战能力的重要组成部分。现代海军使用的舰载武器包括舰炮、近程防御武器系统、鱼雷、舰对空导弹、反舰导弹、反潜导弹、潜射弹道导弹、反弹道导弹等。

# No.83 美国 RUR-5 "阿斯洛克" 反潜导弹

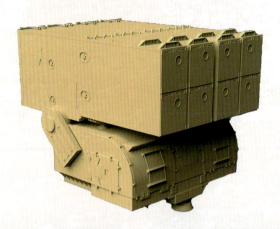

| 基本参数 | |
|---|---|
| 全长 | 4.5 米 |
| 直径 | 0.42 米 |
| 翼展 | 0.68 米 |
| 总重 | 488 千克 |
| 最大射程 | 22 千米 |

★ "阿斯洛克"反潜导弹倾斜式发射装置侧前方视角

★ 正在工作的"阿斯洛克"反潜导弹倾斜式发射装置

RUR-5 "阿斯洛克"（ASROC）反潜导弹是美国于20世纪50年代研制的全天候全海况反潜导弹系统，也称"阿斯洛克"反潜火箭。ASROC 是英语"反潜火箭"（Anti-Submarine ROCket）的缩写。

● 研发历史

"阿斯洛克"返潜导弹发展于20世纪50年代初的火箭助飞鱼雷（RAT）计划，该计划是为水面舰艇研制针对战后出现的新型潜艇的反潜武器。RAT 计划包括三个阶段，即

RAT-A、RAT-B 和 RAT-C。RAT-A 和 RAT-B 的目标是研发一个紧凑和经济的区域反潜兵器，但被认为不可靠或射程太近。RAT-C 的目标是研发一个装备核深水炸弹的反潜武器，可以有效打击至少 7300 米范围内的敌方潜艇。RAT-C 在 1960 年达到初始作战状态并登上美国海军诺福克级驱逐舰领舰时，它的名字被更改为现在的 ASROC。

## ●武器构造

"阿斯洛克"反潜导弹系统由鱼雷（或深水炸弹）、降落伞、点火分离组件、弹体、固体发动机等组成，其射程是由定时器控制，定时器在发射前进行设定，发射后按照定时器上所设定的时间，火箭助推器与鱼雷（或深水炸弹）分离，鱼雷进入空中惯性飞行阶段。在到达预定点之前，鱼雷上的降落伞自动展开，减缓鱼雷的入水速度。降落伞在鱼雷入水冲击的作用下解脱，与鱼雷分离。鱼雷入水后，自控系统操纵鱼雷进入预定深度，开始以各种轨迹对敌潜艇进行搜索。当自导系统发现了目标，鱼雷就进行跟踪、追击，直至命中。

★"阿斯洛克"反潜导弹倾斜式发射装置俯视图

## ●作战性能

"阿斯洛克"反潜导弹采用具有 16 个发射箱的 Mk 112 倾斜式发射装置，其战斗部最初是 W-44 深水炸弹，后又发展了 Mk 44 鱼雷战斗部，20 世纪 60 年代中期经改进装备了性能更好的 Mk 46 鱼雷，作战最大深度由 300 米增加到 400 米，1975 年又发展了 Mk 50 鱼雷。为了提高发射灵活性和快速性，在 1984 年由倾斜式发射改为由 Mk 41 垂直发射装置发射，并增加了自动驾驶仪和推力矢量控制系统。"阿斯洛克"反潜导弹可以全天候昼夜发射，普遍装备在美国及其盟国的巡洋舰、驱逐舰和护卫舰上。

可发射"阿斯洛克"反潜导弹的 Mk 41 垂直发射装置

# No.84 美国 RIM-7 "海麻雀"导弹

| 基本参数 | |
|---|---|
| 全长 | 3.7 米 |
| 直径 | 0.2 米 |
| 翼展 | 1.02 米 |
| 总重 | 230 千克 |
| 最大射程 | 18 千米 |

★ 美国海军尼米兹级航空母舰发射"海麻雀"导弹

RIM-7"海麻雀"(Sea Sparrow)导弹是美国海军装备的近程舰对空导弹,主要用于防御反舰导弹。

## ●研发历史

20 世纪 60 年代,美国海军计划发展一种比现有导弹系统小得多的短程点防御导弹系统,用以装备攻击型航空母舰和轻型护卫舰,进行点防御。美国海军原计划发展 RIM-46"海上拳击手"导弹用于点防御,但是 1964 年这个项目被撤销了。于是,美国海

★ 美国海军斯普鲁恩斯级驱逐舰发射"海麻雀"导弹

军就将注意力转移到 AIM-7E "麻雀"空对空导弹身上。鉴于 AIM-7E 空对空导弹的良好性能，美国海军决定在其基础上发展 RIM-7E 导弹，又称基本型"海麻雀"或者基本型点防御导弹系统。导弹原封不动地采用 AIM-7E 空对空导弹，制导站和发射装置也采用现有设备改装。1967年，RIM-7E 导弹进入美军服役。此后，美国海军不断对"海麻雀"导弹进行改进，先后出现了 RIM-7F、RIM-7H、RIM-7M、RIM-7P 等型号。

## ● 武器构造

"海麻雀"导弹发射瞬间

RIM-7E 导弹基本沿用 AIM-7E 导弹的结构，但是尾翼翼尖切去了一点，弹翼改为折叠式。RIM-7E 导弹呈细长圆柱形，头部为锥形，尾部为收缩截锥形。导弹采用全动翼式气动布局，两对弹翼配置在弹中部，起到舵和副翼双重作用，产生升力和控制力。两对固定尾翼用来控制稳定性，翼和尾翼均呈 X 形布置。

RIM-7F 导弹采用了新型的双推力发动机，进一步增大了射程。此外还采用了固态化的电子导引和控制系统，即 AN/DSQ-35。小型化的导引系统为装备重型的 Mk71 战斗部腾出了空间。

RIM-7H 导弹的弹翼改成半折叠式，而尾翼则完全可折叠，从而能在较为紧凑的发射箱上发射。导弹内部也有一些改进，如增加飞行高度探测装置、红外引信、敌我识别器等。

RIM-7M 导弹的重要特征是采用带数字信号处理器的倒置单脉冲接收机，使抗地物杂波能力大增，首次具备了下视下射能力，能够有效对付掠海飞行的反舰导弹。

RIM-7P 导弹大幅提高了电子系统和弹载计算机的性能，装备了新的导引头，并且增加了中段的数据链系统，对付小型低空目标的能力增强。

## ● 作战性能

"海麻雀"导弹具备命中精度高、反应时间短、抗干扰能力强、适用范围广、全天候、全方位、多目标攻击能力等优点。以 RIM-7M 导弹为例，其最大射程 18 千米，最大作战高度 5 千米，动力装置为一台双推力固体火箭发动机，最大飞行速度 2.5 马赫，采用 WAU-17/B 聚能爆破战斗部，重 40 千克，引信是双功能的主动雷达近炸及触发引信。末端采用的是主动雷达制导，可对 1 ~ 18 千米的中、低空目标实施拦截，有较强的抗电子干扰及低空反导能力。

★ 美国海军"企业"号航空母舰发射"海麻雀"导弹

# No.85 美国 AGM-84 "鱼叉"导弹

| 基本参数 | |
|---|---|
| 全长 | 4.6 米 |
| 直径 | 0.34 米 |
| 翼展 | 0.91 米 |
| 总重 | 628 千克 |
| 最大射程 | 315 千米 |

★ 飞行中的"鱼叉"导弹

AGM-84"鱼叉"（Harpoon）导弹是美国麦克唐纳·道格拉斯公司研制的反舰导弹，是美国海军现役主要的反舰武器，可以自飞机、水面舰艇以及潜艇上发射。

## ● 研发历史

AGM-84"鱼叉"导弹在1969年开始方案论证，1970年11月确定研发计划，1971年1月进行招标，同年6月从参与竞争的5家公司中选定麦克唐纳·道格拉斯公司为主承包商，并开始工程发展，发展计划分为武器系统的设计、研制和使用鉴定试验三个阶段。1972年12月开始飞行试验，直至1977年3月试验结束，共发射40枚原型导弹。1975年7月投入生产，1977年7月开始进入美国海军服役，1989年停产。美国海军还利用"鱼叉"导弹研发出远程陆上攻击型。在美国三军通用编号当中，AGM-84为空射型，RGM-84为舰射型，UGM-84则是潜射型，三者的基本结构都相同。

★ 美国海军提康德罗加级巡洋舰发射"鱼叉"导弹

## ●武器构造

"鱼叉"导弹的弹体拥有两组十字形翼面,位于弹体中部的是四片大面积梯形翼,弹尾则设有四面较小的全动式控制面。两组弹翼前后完全平行,而且均为折叠式,折叠幅度为弹翼的一半。此外,舰射、潜射型的火箭助推器上也有一组十字形稳定翼。为了减轻重量,除了战斗部、加力器采用钢质结构外,"鱼叉"导弹其余的外壳、翼面都采用铝合金制造,整枚导弹由前而后依序为导引段、战斗部、推进段与尾舱。

美国海军"衣阿华"号战列舰的"鱼叉"导弹发射装置

## ●作战性能

"鱼叉"导弹发射前,需由探测系统提供目标数据,然后输入导弹的计算机内。导弹发射后,迅速下降至60米左右的巡航高度,以0.75马赫的速度飞行。在离目标一定距离时,导引头会根据选定的方式,开始搜索前方的区域。捕获到目标后,"鱼叉"导弹进一步下降高度,并贴近海面飞行。当接近敌舰时,"鱼叉"导弹会突然跃升,然后向目标俯冲,穿入舰桥内部爆炸。

"鱼叉"导弹发射瞬间

# No.86 美国 BGM-109 "战斧"导弹

| 基本参数 | |
|---|---|
| 全长 | 5.6 米 |
| 直径 | 0.52 米 |
| 翼展 | 2.67 米 |
| 总重 | 1600 千克 |
| 最大射程 | 2500 千米 |

★ 展览中的"战斧"导弹

BGM-109"战斧"（Tomahawk）导弹是美国海军装备的一种由潜艇或者水面舰艇发射的全天候对地攻击巡航导弹。

## ● 研发历史

20世纪60年代，美国海军、空军常年使用小型无人靶机与诱饵之后，试图在研发新一代靶机时加入可携带武装的需求，这些需求后来演变为次音速巡航无武装诱饵（Subsonic Cruise Unarmed Decoy, SCUD）与次音速巡航攻击导弹（Subsonic Cruise Attack Missile, SCAM）计划。虽然两项计划在70年代先后被取消，但也为后来的巡

美国海军提康德罗加级巡洋舰发射"战斧"导弹

航导弹研发计划打下良好的基础。"战斧"导弹于 1972 年开始研制，1976 年首次试射，1983 年装备部队。1991 年海湾战争中，"战斧"导弹首次投入大规模使用。美军的主要发射平台是游弋于波斯湾、红海的 18 艘战舰。

## ●武器构造

"战斧"导弹头部视角

"战斧"导弹采用模块化设计，尽管各个型号携带的弹头种类或者是导引系统并不完全相同，但是导弹内部的主要结构是相通的。导弹的最前端是导引系统模组，位于这个模组后方的则是一到两个前段弹身配载模组，这个模组可以携带燃料或者是不同的弹头。第三段是弹身中段模组，是主要的燃料与弹翼的所在位置。其后是弹身后段模组，其中包含延伸自前方模组的主燃料箱、发动机进气口。其后是动力模组段，也就是发动机所在的位置。动力模组后方是导弹的最后一个模组，主要是安装火箭推进的加力器，以提供导弹在发射之后加速到涡轮发动机可以操作的速度范围所需动力。

## ●作战性能

"战斧"导弹是一种远程、高存活、无人驾驶对地攻击武器系统，具有极高的精确度。"战斧"导弹的优点在于：航行中采用惯性制导加地形匹配或卫星全球定位修正制导，可以自动调整高度和速度进行高速攻击。导弹表层有吸收雷达波的涂层，具有隐身飞行性能，是美国军械库中最有威力的"防空区外发射"导弹。雷达很难探测到飞行的"战斧"导弹，因为这种导弹有着较小的雷达横截面，并且飞行高度较低。

"战斧"导弹的缺点在于：飞行速度较慢，且飞行高度较低，容易被地面防空炮火

★ 美国海军阿利·伯克级驱逐舰发射"战斧"导弹

击落。同时由于导弹携带的发动机、制导系统和燃料负载限制了弹头的尺寸，所以"战斧"导弹打击钢筋混凝土目标时效果不好。此外，"战斧"导弹的精确度不如激光制导炸弹，而且容易发生机械故障，造价也远高于常规炸弹。

# No.87 美国RIM-116"拉姆"导弹

| 基本参数 | |
|---|---|
| 全长 | 2.8米 |
| 直径 | 0.13米 |
| 翼展 | 0.44米 |
| 总重 | 73.5千克 |
| 最大射程 | 9千米 |

★"巴丹"号两栖攻击舰发射"拉姆"导弹

RIM-116"拉姆"（RAM）导弹是一种以红外线与被动雷达整合制导的轻型、点防御舰对空导弹。

## ● 研发历史

"拉姆"导弹的需求在1975年提出，1977年美国通用动力公司与西德拉姆系统有限公司签署工程研发备忘录，1979年丹麦佩尔·伍德森公司加入成为第三位合作伙伴。1992年8月，通用动力公司将战术导弹系统的事业部门卖给休斯公司，1997年雷神公司收购休斯公司的防御部门，也因此取得原

★"拉姆"导弹发射瞬间

来通用动力公司的导弹部门,所以"拉姆"导弹最后是由雷神公司负责。

1978年,"拉姆"导弹第一次试射成功,但是后续发展很不顺利。丹麦由原先的发展伙伴关系自行降级为观察员的身份,稍后引入"海麻雀"导弹满足他们的点防御需求。西德一度考虑退出研发计划,美国甚至终止整个研发进度,但是稍后又恢复计划的推动。1992年11月,"拉姆"导弹正式服役。

## ●武器构造

为了节省经费,"拉姆"导弹的许多子系统采用了其他现役的装备。例如,红外线寻标头来自"毒刺"地对空导弹,火箭推进段、弹头与引信来自"响尾蛇"导弹。为了简化弹体的飞行控制以及被动雷达制导天线的需要,导弹在发射的时候弹体会开始旋转。一般非旋转的导弹在俯仰与偏航两个轴上都需要有控制面,而"拉姆"导弹借由弹体的自旋,只需要一套控制面来担任两个轴向上的控制,因此在接近导弹鼻端只有两具可动的控制面。此外,雷达接收天线也因此能够简化为两具,而非一般的四具。

★"拉姆"导弹发射装置

发射"拉姆"导弹的Mk49型发射器安装重量达5777千克,并可放置21枚"拉姆"导弹,不过发射器上没有传感器,必须与舰上的战斗系统整合才能够攻击具有威胁性的目标,以美国海军来说,多半是与AN/SWY-2及船舰自我防御系统等战斗系统整合。

## ●作战性能

"拉姆"导弹的动力装置为一台ML36-8单级固体火箭发动机,机动过载大于20G,导弹采用被动雷达寻的和被动红外寻的复合制导,战斗部为WDU-17B连续杆式战斗部,引信为DSU-15B主动激光近炸引信。"拉姆"导弹平时安放在发射容器中,容器安装在发射系统的发射架上,发射容器为密封包装,可避

发射后的"拉姆"导弹

免湿度、温度与电磁脉冲对导弹的影响,容器内有4条来复线式小导轨,使导弹在发射时产生初始滚动。在实战情况下,"拉姆"导弹由舰上雷达及电子侦察设施完成搜索、跟踪和识别,并将目标的距离、方位、高低角和目标发射的电磁流频段数据输入导弹系统。导弹有自动、半自动、手动三种发射方式,可单射,也可分批齐射。

# No.88 美国 UGM-133 "三叉戟" Ⅱ型导弹

| 基本参数 | |
|---|---|
| 全长 | 13.58 米 |
| 直径 | 2.11 米 |
| 总重 | 59000 千克 |
| 最大射程 | 11300 千米 |
| 最大速度 | 24 马赫 |

★ "三叉戟" Ⅱ型导弹出水升空

UGM-133 "三叉戟" Ⅱ型（Trident Ⅱ）导弹是美国研制的第三代潜射弹道导弹，也是美国海军目前最重要的海基核威慑力量。

• 研发历史

"三叉戟" Ⅱ型导弹又称 D5 导弹，1984 年开始工程研制，1987 年 1 月在陆基平台上进行首次飞行试验，1989 年进行潜射试验，初始部署于 1990 年。目前，"三叉戟" Ⅱ型导弹主要装备于美国海军俄亥俄级核潜艇（每艇 24 枚）与英国海军前卫级核潜艇（每艇 16 枚）。

美国研制的战略导弹（从左至右依次为"北极星"A1、"北极星"A2、"北极星"A3、"三叉戟"Ⅱ型、"波塞冬"C3、"三叉戟"Ⅰ型）

## ●武器构造

"三叉戟"Ⅱ型导弹为三级固体推进导弹，采用了很多前所未有的新技术，包括新的 NEPE-75 高能推进剂、碳纤维环氧壳体、GPS/星光/惯性联合制导等。该导弹第一级发动机长 7.2 米，发动机壳体为 IM7 碳纤维/环氧复合材料；第二级发动机长 2.9 米，总重 11800 千克，发动机壳体为 IM7 碳纤维/环氧复合材料；第三级发动机长 3.3 米，总重 2200 千克，发动机壳体为"凯芙拉"纤维/环氧复合材料。

★ 美国海军俄亥俄级潜艇的"三叉戟"Ⅱ型导弹发射装置

## ●作战性能

"三叉戟"Ⅱ型导弹的突出优点是射程远和命中精度高，其命中精度为 90～120 米。该导弹携带的分导式多弹头有两种，一种是 8 个爆炸威力各为 10 万吨梯恩梯（TNT）当量的子弹头，另一种是 8 个爆炸威力各为 47.5 万吨 TNT 当量的子弹头。"三叉戟"Ⅱ型导弹满载时的射程为 7840 千米，减轻载荷后的射程超过 11000 千米。

美军正在运送试验版本的"三叉戟"Ⅱ型导弹

# No.89 美国 RIM-161 "标准" Ⅲ型导弹

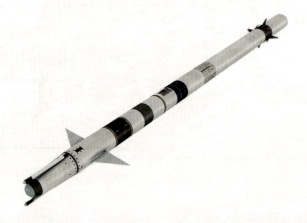

| 基本参数 | |
|---|---|
| 全长 | 6.55 米 |
| 直径 | 0.34 米 |
| 翼展 | 1.57 米 |
| 总重 | 1500 千克 |
| 最大射程 | 500 千米 |

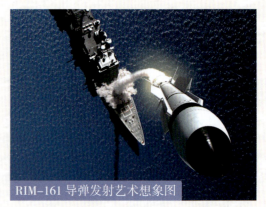

RIM-161 导弹发射艺术想象图

RIM-161 "标准" Ⅲ型（Standard Ⅲ）导弹是用于"宙斯盾"作战系统的舰载反弹道导弹，主要用户为美国海军，日本海上自卫队也有使用。

## ●研发历史

RIM-161 导弹是美国海基战区导弹防御系统（TMD）的重要一环，用来拦截中远程弹道导弹。RIM-161A 导弹的第一次搭载试验于 1999 年 9 月进行，2001 年 1 月进行的第三次试验成功地进行了导弹飞行，并进行了动能弹头的分离。2002 年 1 月，RIM-161A 导弹进行了第一次成功的全程试验，击中了"白羊座"弹道导弹。2006 年 6 月 22 日的试

★ 博物馆中的 RIM-161 导弹

验使用了最新的 RIM-161B 导弹并进行了成功的拦截。RIM-161B 导弹升级了导弹发动机和制导控制软件以增强整体性能，同时也包括生产和维护设计上的变更。2014 年，RIM-161B 导弹正式服役。

## ●武器构造

RIM-161 导弹使用 RIM-67 导弹的弹身和推进装置，但是改装了第三段发动机，并加装了全球定位/惯性导航系统，拦截方式则采用波音公司研制的轻型大气层外动能拦截弹头（LEAP）直接撞击目标。RIM-161 导弹的第一段动力装置为 Mk 72 助推器，第二段为 Mk 104 单室双推力固体火箭发动机，第三段为 Mk 136 固体火箭发动机。

★ 美国海军舰艇上装载的 RIM-161 导弹

## ●作战性能

RIM-161 导弹以固体火箭助推器提供动力，采取垂直发射的方式，最大拦截高度 122 千米，最小拦截高度 15 千米，最大拦截距离为 425 千米。在执行反导弹作战任务时，RIM-161 通过其自身配备的红外制导装置确定来袭弹头的具体位置，利用自身的末端机动能力，以每秒 4 千米（相当于人造卫星速度的一半）的速度撞击并摧毁对方弹头。

美国海军舰艇装备的 AN/SPY-1 雷达可以先发现敌方弹道导弹，并交由"宙斯盾"作战系统解算。时机恰当时，Mk 72 助推器将会把 RIM-161 导弹推送出 Mk 41 垂直发射系统，但是导弹依然和军舰保持资料通信。Mk 72 助推器发动机燃烧完后将会脱离，第二段 Mk 104 单室双推力固体发动机将在空中点火。导弹此时继续接受来自船舰的 GPS 导引信号，第三段 Mk 136 发动机将在第二段烧完后点火，提供 30 秒推力以拦截目标导弹。

★ 美国海军提康德罗加级巡洋舰发射 RIM-161 导弹

# No. 90 美国 RIM-162 改进型"海麻雀"导弹

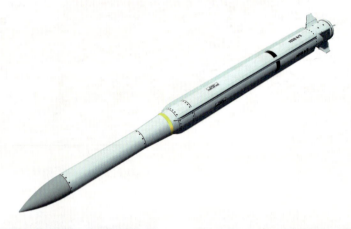

| 基本参数 | |
|---|---|
| 全长 | 3.66 米 |
| 直径 | 0.25 米 |
| 翼展 | 0.64 米 |
| 总重 | 280 千克 |
| 最大射程 | 50 千米 |

★ 美国海军"布什"号航空母舰发射 RIM-162 导弹

RIM-162 改进型"海麻雀"导弹（Evolved Sea Sparrow Missile，ESSM）是 RIM-7"海麻雀"导弹的衍生型，设计用于对付超音速反舰导弹。

## • 研发历史

RIM-162 导弹的概念设计于 1988 年由胡福斯公司和雷神公司提出，称之为与"海麻雀"发射系统兼容的新型导弹系统，它将可以对付高速高机动的反舰导弹。最初，这种导弹有一种非官方的编号 RIM-7PTC。1995 年，美国海军宣布胡福斯公司为"改进型'海麻

美国海军勤务兵正在填装 RIM-162 导弹

雀'"项目竞争的胜利者,随后,胡福斯公司就联合雷神公司一同进行设计。后来胡福斯公司导弹分部被雷神公司收购,所以雷神公司是"改进型'海麻雀'"项目的唯一承包商。

## ●武器构造

RIM-162 导弹是以 RIM-7P 导弹为基础设计的,但是两者相似之处极少。RIM-162 导弹是一种正常式布局的导弹,采用了类似"标准"导弹的小展弦比弹翼加控制尾翼的布局方式,代替了原来的旋转弹翼方式。目前,RIM-162 导弹主要有 4 种型号。RIM-162A 装备于拥有 Mk 41 垂直发射系统与 AN/SYP-1 相位阵列雷达的"宙斯盾"舰艇,RIM-162B 是用非"宙斯盾"舰艇的 Mk 41 垂直发射系统进行发射的型号,RIM-162C 和 RIM-162D 则分别是由 Mk 48 垂直发射系统和 Mk 29 箱式发射系统发射的 RIM-162B 的改进型号。

飞行中的 RIM-162 导弹

## ●作战性能

RIM-162 导弹采用推力矢量系统,可以使导弹的最大机动过载达到 50G,而且不会随射程的增加而大幅减小。RIM-162 导弹还采用了全新的单级大直径高能固体火箭发动机,新型的自动驾驶仪和顿感高爆炸药预制破片战斗部有效射程与 RIM-7P 导弹相比显著增强,这使 RIM-162 的射程到达了中程舰对空导弹的标准。RIM-162 导弹采用了大量现代导弹控制技术:惯性制导和中段制导,X 波段和 S 波段数据链,末端采用主动雷达制导。这种特殊的复合制导方式可以使舰艇面对最为严重的威胁。

★ 美国海军"卡尔·文森"号航空母舰发射 RIM-162 导弹

# No.91 美国 RIM-174 "标准" Ⅵ型导弹

| 基本参数 | |
|---|---|
| 全长 | 6.55 米 |
| 直径 | 0.53 米 |
| 翼展 | 1.57 米 |
| 总重 | 1500 千克 |
| 最大射程 | 240 千米 |

★ RIM-174 导弹发射艺术想象图

RIM-174 "标准" Ⅵ型（Standard Ⅵ）导弹是美国海军最新型的舰对空导弹，从地面或者舰艇上发射，用来打击固定翼飞机、无人机等目标。

## ●研发历史

RIM-174 "标准" Ⅵ型导弹于 2004 年开始研制。2013 年 11 月 26 日，美国海军宣布 RIM-174 导弹已经实现初始作战能力，并且已成功装备在阿利·伯克级导弹驱逐舰 "基德" 号上。之后，RIM-174 导弹进入全速生产阶段，比原计划有所提前，且项目成本在预算之内。后续的试验和评估一直持续到 2014 年，以验证该导弹在现实环境下的综合火控能力。2017 年 1 月，美国

★ 美国海军阿利·伯克级驱逐舰发射 RIM-174 导弹

国防部同意出口 RIM-174 导弹，目标用户为澳大利亚、日本和韩国。

## ●武器构造

RIM-174"标准"Ⅵ型导弹由 RIM-156A"标准"Ⅱ型导弹改进而来，在前任型号上加装了 AIM-120 先进中程空对空导弹上使用的主动导引雷达，取代之前的半自动导引雷达。这样大大增强了 RIM-174 导弹对高速飞行目标以及发射载具扫描范围以外目标的追踪和打击能力。

★ RIM-174 导弹（直立）和 RIM-161 导弹导弹（倾斜）

## ●作战性能

RIM-174 导弹设计用于防御固定翼和直升机、无人机及巡航导弹，为海军舰艇提供更大范围的保护。该导弹采用主动和半主动制导模式，及先进的引信技术，结合了雷神公司先进中程空对空导弹的先进信号处理和制导控制能力。RIM-174 导弹并非要取代 RIM-156 导弹的地位，而是对 RIM-156 导弹打击不到的远距离目标提供协助。

★ RIM-174 导弹发射时的巨大后焰

# No.92 美国"密集阵"近程防御武器系统

| 基本参数 | |
|---|---|
| 全高 | 4.7 米 |
| 炮管长 | 2 米 |
| 总重 | 6200 千克 |
| 发射速率 | 4500 发/分 |
| 有效射程 | 3.5 千米 |

"密集阵"系统侧面视角

"密集阵"（Phalanx）近程防御武器系统（简称"密集阵"系统）是一种以反制导弹为目的而研发的近程防御武器系统，广泛运用在美国海军各级水面作战舰艇上。

● 研发历史

"密集阵"系统于1967年以色列海军"艾略特"号驱逐舰被击沉后开始构想规划。美国从阿以战争与其他途径确定苏联有着可掠海飞行的反舰导弹，如果是由潜艇发射，水面舰艇获得警告的时间将大幅缩短。因此，美国从1968年开始研究防御导弹的舰载装备，火控系统交由休斯公司负责，而防御武器将与"海麻雀"防空导弹任务互补。

1973年，原型"密集阵"系统装设在"金恩"号驱逐舰上，在1973年8月~1974年

3月实施测试。1974年11月,"密集阵"系统安装在报废的"阿尔弗雷德·坎宁安"号驱逐舰上,以各种美军现役导弹对"密集阵"系统进行实际作战评估。1976年,一套"密集阵"系统安装在福莱斯特·谢尔曼级驱逐舰上,检测在电磁干扰状态下"密集阵"系统的追踪和搜索雷达操作的可靠度。1977年7月,"密集阵"系统正式制式化,1978年开始量产,1980年4月安装在"小鹰"号航空母舰,正式服役。

★ "密集阵"系统正在开火

★ "密集阵"系统正面视角

## ● 武器构造

"密集阵"系统的作用原理是在开火的短时间内倾泻出大量弹药,在雷达计算出的导弹可能经过路径上形成极为密集的弹幕,以达到拦截击落的目的。最初的Mk 15 Block 0型"密集阵"系统使用6支76倍径、9条右旋膛线炮管的M61A1旋转机炮,使用20毫米Mk 149脱壳穿甲弹。最新的MK-15 Block 1B型换装了Mk 244脱壳穿甲弹。"密集阵"系统的遥控操作台设置于舰桥内,每个控制台最多可控制4组"密集阵"系统,可进行目标分配与监控等工作。另外,每套"密集阵"系统都有一个各自独立的本机控制台,一般设置于"密集阵"系统附近的抗震舱室内,负责控制该套"密集阵"系统的运作,可作为遥控操纵台失效时的备援。

## ● 作战性能

"密集阵"系统在设计上可进行全自动防御,即给定目标的资料后,就可以完全依靠内置的雷达搜索、追踪、目标威胁评估、锁定、开火。这种设计的优点是安装容易,搭载平台只需提供电力,不需与船舰上的作战侦测系统进行整合也能运作,安装的甲板位置也只要确保足够的结构强度,而不必在甲板上挖洞。不过,"密集阵"系统的这些特性也是它的缺点,只倚赖自身的雷达火控系统进行接战,与舰上其他系统没有协同互助,某些时候不仅浪费时间,也增加了漏失目标的可能性。

★ 美国海军尼米兹级航空母舰安装的"密集阵"系统

# No.93 美国 Mk 46 鱼雷

| 基本参数 | |
|---|---|
| 全长 | 2.6 米 |
| 直径 | 0.32 米 |
| 最大深度 | 366 米 |
| 总重 | 230 千克 |
| 最大射程 | 11 千米 |

★ 吊运中的 Mk 46 鱼雷

Mk 46 鱼雷（Mk 46 torpedo）是专门设计用来攻击高速潜艇的轻型鱼雷，同时也是美国海军库存最多的轻型反潜鱼雷，并且是北约现役的标准武器。

### ● 研发历史

Mk 46 鱼雷从最初的 Mod 0 型开始，陆续研制生产了 Mod 1、Mod 2、Mod 3、Mod 4、Mod 5 等改进型。Mod 0 型采用固体燃料推进器，但因噪音较大，很快就停产了。Mod 1 型在 1967 年 4 月服役，其控制方向及潜深的四片尾舵进行了改进，提升了重复攻击目标的能力。Mod 3 型改进计划还没有进入生产阶段，便被更新的 Mod 4 型所取代。目前，美国海军舰艇使用的 Mk 46 鱼雷基本上都是改进幅度极大的 Mod 5 型。除美国外，还有 30 多个国家使用 Mk 46 鱼雷。

★ 美国海军勤务人员运送 Mk 46 鱼雷

## ●武器构造

Mk 46 鱼雷发射瞬间

Mk 46 鱼雷重约 230 千克，战斗部可搭载约 44 千克高爆炸药。Mk 46 鱼雷采用前部引导头、中部燃料、后部发动机和控制鳍片的常规布局，引导头被动和主动声呐进行制导。Mk 46 鱼雷可由水面舰艇及 SH-60"海鹰"直升机等多种平台进行搭载，其中 Mod 5 型是火箭助推鱼雷，可通过垂直发射系统进行发射。

## ●作战性能

Mk 46 鱼雷速度快、攻击深度大，具备主动及被动声音导向功能。该鱼雷最大的特点就是具有多次重复攻击的能力，如果追击目标时，突然失去目标信号，鱼雷就会呈浮游状态，等再次获得目标信号后，再重新启动加以攻击。Mod 5 型配备有数字化寻的器，其信号处理器能过滤假目标，分辨敌舰的噪音音频与噪音干扰器欺骗。其引信也经过改良，即使以很小的角度命中目标，依然可引爆弹头。Mod 5 型具有浅水攻击能力，甚至可命中浮在水面上的潜艇，因而具有攻击水面舰艇的能力。

美国海军阿利·伯克级驱逐舰发射 Mk 46 鱼雷

# No.94 美国 Mk 48 鱼雷

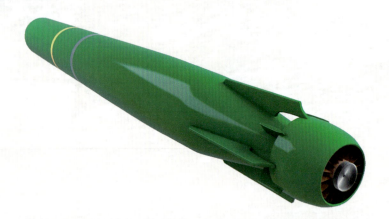

| 基本参数 | |
|---|---|
| 全长 | 5.79 米 |
| 直径 | 0.53 米 |
| 最大深度 | 800 米 |
| 总重 | 1676 千克 |
| 最大射程 | 46 千米 |

Mk 48 鱼雷（Mk 48 torpedo）是美国海军潜艇配备的主力重型鱼雷，能够对付水面与水下的各类目标。

## ● 研发历史

1962 年，为对付性能日益先进的苏联潜艇，美国投资 67 亿美元（其中 17 亿美元用于与之配套的鱼雷靶场建设）巨资，开始对 Mk 48 鱼雷进行招标研制，最终于 1971 年研制成功，1972 年正式批量生产并投入服役，以替换原来服役的 Mk 37 和 Mk 14 鱼雷。经

★ 填装中的 Mk 48 鱼雷

★ 技术人员正在维护 Mk 48 鱼雷

过数十年的发展，形成了 Mod 0、Mod 1、Mod 2、Mod 3、Mod 4、Mod 5、Mod 6、Mod 7 等型号。主要装备各型核潜艇，如俄亥俄级弹道导弹核潜艇首部装有 28 枚之多（包括备用）。除了美国海军以外，Mk 48 鱼雷也外销到其他国家海军。

## •武器构造

Mk 48 鱼雷由鼻端开始，可以大致分为 5 个单元，即鼻端、弹头、控制段、燃料箱和尾端。鼻端是鱼雷最前端的部分，包含主动与被动声呐、相关的信号处理系统、电子支援系统以及电力供应单元。紧接在后的单元是弹头，包含多段引信与炸药。控制段是控制鱼雷的主要核心单元，包括动力控制、指挥电脑与陀螺仪控制系统等。燃料箱存储燃料，用以推动鱼雷。尾端位于鱼雷的最后端，是发动机和推进器所在的位置，此外控制方向舵的液压系统也包含在内。

★ 美国海军潜艇正在吊装 Mk 48 鱼雷

## •作战性能

Mk 48 鱼雷有两种主要型号，第一种是原始型，包括 Mod 0 ~ Mod 4 型，第二种是先进能力型（ADCAP），包括 Mod 5 型以后的各个型号。当 ADCAP 进入美国海军服役之后，原始型也陆续退出部署。作为自动制导鱼雷，Mk 48 鱼雷可以从潜艇、水面舰艇和飞机上发射，既可以攻击潜伏在深海的核潜艇，也可以对付高速水面舰艇。鱼雷战斗部为装药 100 ~ 150 千克的爆破战斗部，命中一枚即可击沉一艘大型潜艇或中型水面舰艇。

运送中的 Mk 48 鱼雷

# No.95 俄罗斯"卡什坦"近程防御武器系统

| 基本参数 | |
|---|---|
| 口径 | 30 毫米 |
| 炮口初速 | 900 米/秒 |
| 发射速率 | 10000 发/分 |
| 最大射高 | 3.5 千米 |
| 有效射程 | 4 千米 |

★"卡什坦"系统侧面视角

"卡什坦"（Kashtan）近程防御武器系统（简称"卡什坦"系统）是俄罗斯研制的水面舰艇防空系统，是世界上唯一将大威力火炮、多用途导弹和雷达－光电火控系统集成在一个炮塔上的防空系统。

## ● 研发历史

20世纪70年代，图拉仪器设计局开始研制"卡什坦"系统。1989年，图拉兵工厂开始批量生产"卡什坦"系统，同年正式服役，替代了原有的 AK-630 舰炮。

## ●武器构造

"卡什坦"系统采用模块化结构设计,包括指挥模块、作战模块、防空导弹存储和再装填系统、防空导弹和炮弹。该系统体积小、重量轻,可配装在多种舰艇上,还可以作为陆基防御武器。根据舰艇排水量和作战任务的不同,指挥模块和作战模块可灵活地组成多种配置形式。

★ "卡什坦"系统正面视角

## ●作战性能

"卡什坦"系统将2门6管30毫米舰炮与8枚SA-N-11导弹组装在同一基座上,两者可同步行动,不论是回旋、俯仰,还是接收同一火控系统的控制信息都运用自如。这种巧妙的结合,可以使防空导弹和小口径速射炮在不同距离拦截来袭导弹的优势发挥得淋漓尽致。

"卡什坦"系统的指挥模块用于探测目标和进行目标分配,为作战单元提供目标指示数据,最多可同时跟踪30个目标。其中的搜索雷达可以使用舰载监视雷达,对雷达截面积0.1平方米、高度15米目标的最大探测距离为12千米,对雷达截面积5平方米、高度1千米目标的最大探测距离为45千米。

俄罗斯海军舰艇上安装的"卡什坦"系统

# No.96 英国"海狼"导弹

| 基本参数 | |
|---|---|
| 全长 | 1.9 米 |
| 直径 | 0.3 米 |
| 翼展 | 0.45 米 |
| 总重 | 82 千克 |
| 最大射程 | 10 千米 |

"海狼"(Sea Wolf)导弹是英国于 20 世纪 70 年代研制的舰载近程点防空导弹,可由常规发射器或舰载垂直发射系统发射。

## ● 研发历史

1967 年 10 月第三次中东战争后,反舰导弹对舰艇的威胁日益增长,各国海军迫切需要防御手段,英国海军认为用导弹来拦击反舰导弹是一种积极措施。另外,当时英国海军航空母舰等大型舰只数量减少,护卫舰数量增加,也要求装备反应快、具有独立作战能力的点防御系统。这两方面的要求促使"海狼"系统于 1968 年 7 月开始全面研制。

★ 英国海军大刀级护卫舰发射"海狼"导弹

最初英国海军对"海狼"系统的要求是:导弹能垂直储存在甲板下,尺寸要小;系统反应时间要短，应有尽可能小的射程近界和覆盖较大的仰角；作战过程应全部自动化；在全天候条件下能对小型超音速目标实施攻击。后来又进一步增调了攻击低空目标的要求。1979 年 3 月，"海狼"系统正式装备英国海军舰艇。

展览中的"海狼"导弹

## ●武器构造

"海狼"导弹采用固态火箭推进，引信为触发/近炸引信，弹体构型采用流线风格，一组大面积十字形弹翼占据弹体中段，靠近弹尾处则有一组箭簇形十字控制面。"海狼"导弹使用六联装导弹发射器，备用弹垂直存放于弹药库，以人力进行再装填。

## ●作战性能

"海狼"导弹可选择由射控雷达全自动操作，或者由人工介入控制。在人工模式下，操作人员通过电视摄影机持续锁定目标，随时将目标压在摄影机荧幕中央的十字线上，便能持续产生控制信号来修正导弹航向。由于"海狼"导弹与射程较长的"海标枪"导弹出于同一背景，两者可构成一套完整的舰队防空导弹网。

★ 英国海军公爵级护卫舰发射"海狼"导弹

# No.97 法国"阿斯特"导弹

| 基本参数("阿斯特"15型) ||
| --- | --- |
| 全长 | 4.2 米 |
| 直径 | 0.18 米 |
| 总重 | 310 千克 |
| 最大射程 | 30 千米 |
| 最大射高 | 13 千米 |

"阿斯特"导弹向高空飞行

"阿斯特"(Aster)导弹是欧洲防空导弹联合公司研制的舰对空导弹,分为"阿斯特"15型和"阿斯特"30型两种型号。

## ● 研发历史

"阿斯特"导弹是法国、意大利合作开发的舰对空导弹,主要用来取代两国装备的"标准"舰对空导弹和"响尾蛇"空对空导弹,并能够同时作为陆军防空系统使用的通用型导弹,因此获得了"面对空导弹系统"(Famille des sol-air Futurs,FSAF)这一代号。"阿斯特"导弹的研制历程分为三步:首先是研制导弹的基本型,

法国海军地平线级驱逐舰发射"阿斯特"导弹

射程约 30 千米；然后在其基础上研制增程型，射程约 120 千米；最后研制兼容新导弹的新型通用垂直发射系统、配套雷达与作战系统。

1993 年，新导弹的基本型试射成功。1994 年，移动车载发射台试射成功。1995 年 7 月，增程型试射成功。1996 年，导弹的配套垂直发射系统研制成功，同年开始安装在"夏尔·戴高乐"号航空母舰上。2001 年 1 月，导弹正式完成制造商试验，开始交由海军部队进行验收，并获得了"阿斯特"这一正式名称。

## ●武器构造

"阿斯特"导弹的两种型号都是两级固体导弹，采用相同的指令、主动雷达寻的制导和 15 千克的破片杀伤战斗部，二者的主要区别是第一级，实质上是同一单级固体导弹加上了不同的助推器。"阿斯特"导弹在设计上与美国"标准"导弹类似，使用一个通用的导弹体，通过配装不同的助推器来实施不同的任务。"阿斯特"30 型的体积比"阿斯特"15 型更大，长度为 4.9 米，总重 450 千克，最大射高为 20 千米，最大射程可达 120 千米。

★ 英国海军勇敢级驱逐舰的"阿斯特"导弹发射装置

## ●作战性能

"阿斯特"导弹除了经常作为陆基或舰载的防空武装外，也是法国主导的主要防空/反导弹系统（PAAMS）的核心武器。该导弹使用了直接推力控制技术，在弹道终端关键的拦截阶段以侧向推进器直接产生反作用力，推动导弹撞向目标，而不是依赖弹翼控制。因此，"阿斯特"导弹比现役典型舰载防空导弹的拦截精确度更佳。

★ "阿斯特"导弹发射瞬间

# No.98 法国"飞鱼"导弹

| 基本参数 ||
| :---: | :---: |
| 全长 | 4.7 米 |
| 直径 | 0.34 米 |
| 翼展 | 1.1 米 |
| 总重 | 670 千克 |
| 最大射程 | 180 千米 |

★ MM40 舰射型"飞鱼"导弹发射瞬间

"飞鱼"（Exocet）导弹是法国研制的反舰导弹，拥有舰射、潜射、空射等多种不同的发射方式。

## ● 研发历史

"飞鱼"导弹是由法国航空航天公司所开发制造，根据发射方式共有多种版本，主要包括：MM38 型，舰射型版本，1967 年开始研发，1973 年正式服役；AM39 型，空射型版本，1974 年开始研发，1979 年正式服役；SM39 型，潜射型版本，1985 年正式服役，除了导弹本体外，它使用马达动力的辅助动力舱在水下航行；MM40 型，改良式舰射型版本，1981 年初开始生产。MM40 型有 Block 1、Block 2、Block 3 等衍生型，

AM39 空射型"飞鱼"反舰导弹

Block 3 为目前量产的最新版"飞鱼"导弹。

## ●武器构造

"飞鱼"导弹采用典型正常式气动布局,四个弹翼和舱面按 X 形配置在弹身的中部和尾部。整个导弹由导引头、前部设备舱、战斗部、主发动机、助推器、后部设备舱、弹翼和舵面组成。

★ "飞鱼"导弹发射时的巨大后焰

## ●作战性能

"飞鱼"导弹在 20 世纪 80 年代正式服役后,历经过许多实战经验,是一种整体性能评价优异的反舰导弹系统。"飞鱼"导弹的主要目标是攻击大型水面舰艇,可以在接近水面小于 5 米的高度飞行但不接触水面,在飞行时采用惯性导航,等到接近目标后才启动主动雷达搜寻装置,因此在接近目标前不容易被探测。

"飞鱼"导弹在发射前的启动时间需要 60 秒,主要是预热寻标头的磁通管。需要输入的资料包括目标距离和航向、载具本身的航向、速度以及垂直参考点,此外还可以额外加上寻标头雷达搜索角度、雷达开启距离、终端飞行高度以及引信选择。水面舰艇或者是陆基发射架具有 12 度的仰角,离开发射架之后两秒钟导弹会先进入 30～70 米的最高飞行高度,在接下来的巡航阶段是以惯性导引系统协助,高度会维持在 9～15 米之间,当距离预设目标位置 12～15 千米左右,飞行高度进一步降低至 8 米,如果海象平顺,高度最低到 2.5 米。这时雷达会开始工作寻找目标,并且以雷达高度计保持与海面的距离。

德国海军勃兰登堡级护卫舰发射"飞鱼"导弹

# No.99 意大利奥托·梅莱拉 127 毫米舰炮

| 基本参数 | |
|---|---|
| 口径 | 127 毫米 |
| 炮管长 | 6858 毫米 |
| 总重 | 37500 千克 |
| 炮口初速 | 808 米/秒 |
| 发射速率 | 40 发/分 |

奥托·梅莱拉 127 毫米舰炮是意大利奥托·梅莱拉公司于20世纪60年代后期设计的单管高平两用舰炮，主要用于防空和打击海上或岸上中小型目标，装备于驱逐舰或护卫舰上。

## ●研发历史

1965 年第三季度，意大利海军提出新型舰炮需求。1965 年 10 月，意大利海军和奥托·梅莱拉公司展开联合研究计划。1969 年 5 月，奥托·梅莱拉 127 毫米舰炮紧凑型原型完成。1969 年下半年，第一批订单正式下达。1971 年 2 月，进行了初步射击试验。1971 年第一季度，在狼级护卫舰"飞行员"

★意大利海军西北风级护卫舰安装的奥托·梅莱拉 127 毫米舰炮

号试装海试。1972 年 7 月，奥托·梅莱拉 127 毫米舰炮紧凑型在加拿大海军"易洛魁"号上正式服役。1972 年 11 月，在意大利海军"勇敢"号驱逐舰上服役。此后，该舰炮陆续出口阿根廷、伊拉克、日本、尼日利亚、委内瑞拉等国。

## ●武器构造

奥托·梅莱拉 127 毫米舰炮由发射系统、供弹系统、随动系统、炮架、弹药、遥控台和主配电箱组成。发射系统的炮管有冷却水套，用淡水冷却，还有一套吹气装置，可吹除炮管内火药燃烧后的残渣。炮口装有制退器，炮闩为楔形。反后坐方面，奥托·梅莱拉 127 毫米舰炮采用液压式制退器和气体复进机。

★ 奥托·梅莱拉 127 毫米舰炮侧后方视角

## ●作战性能

奥托·梅莱拉 127 毫米舰炮具有结构紧凑、射速高、可靠性好、储弹量大的优点，从目标探测到火炮发射，各项操作均通过控制台自动完成。该炮最大射程 24 千米，高低射界 -15 度~ +85 度，方向射界左右各 165 度，高低瞄准速度 30 度/秒，方向瞄准速度 40 度/秒。除了反舰、对岸攻击以外，奥托·梅莱拉 127 毫米舰炮还可用来对付飞机、导弹。

奥托·梅莱拉 127 毫米舰炮开火

# No.100 荷兰"守门员"近程防御武器系统

| 基本参数 | |
|---|---|
| 口径 | 30 毫米 |
| 炮口初速 | 1109 米/秒 |
| 发射速率 | 4200 发/分 |
| 最大射高 | 2 千米 |
| 有效射程 | 2 千米 |

★ "守门员"系统正面视角

"守门员"（Goalkeeper）近程防御武器系统（简称"守门员"系统）是荷兰泰利斯公司与美国通用电气公司合作研制的近程防御武器系统，1980 年开始服役。

## ● 研发历史

"守门员"系统是 1975 年由泰利斯公司与通用电气公司所合作发展的，其中通用电气公司负责提供 GAU-8"复仇者"机炮。"守门员"系统于 1979 年首次交付给荷兰海军进行实测验证，并在 1980 年正式用于荷兰海军的舰艇上。除荷兰海军使用外，"守门员"系统还出口到英国、韩国、葡萄牙和比利时等国。

## 第 7 章　舰载武器

### • 武器构造

"守门员"系统有两个主要构件：一个自动化的加农机炮以及一套先进的雷达。雷达用来追踪来袭物的飞行轨迹，决定开火拦截的前置位置，而机炮将在雷达下令后对来袭目标进行数秒钟的射击，完成拦截防卫工作。

★ "守门员"系统侧后方视角

### • 作战性能

"守门员"系统主要用于舰船的近距离防御，击毁来袭的反舰导弹（或其他具有威胁性的飞行物）。"守门员"系统是完全自动化的防卫系统，整个运作过程中都不需要人员介入。与"密集阵"系统相比，"守门员"系统使用 30 毫米口径的炮弹，因而拥有更高动能。两个系统的最大射程相当，但"守门员"系统的破坏力大于"密集阵"系统。

★ "守门员"系统正在开火

★ "守门员"系统侧面视角

# 参考文献

[1] 军情视点. 海军武器大百科 [M]. 北京：化学工业出版社，2015.

[2] 陈艳. 潜艇 [M]. 北京：北京工业大学出版社，2013.

[3] 查恩特. 现代巡洋舰驱逐舰和护卫舰 [M]. 北京：中国市场出版社，2010.

[4] 于向昕. 航空母舰 [M]. 北京：海洋出版社，2010.

[5] 哈钦森. 简氏军舰识别指南 [M]. 北京：希望出版社，2003.